BIG
DATA
ANALYTICS

Excelからはじめる
ビッグデータ分析

実践で学ぶ、ビッグデータ活用の基本から分析方法まで

針原 森夫 [著]

■本書のサポートサイト
本書のサポートサイトは以下になります。適宜ご参照ください。
http://book.mynavi.jp/supportsite/detail/9784839964115.html

●本書で使用したサンプルデータについて
　本書で使用したサンプルデータは、制作協力であるゼッタテクノロジー株式会社が用意したもので、ゼッタテクノロジー株式会社の Web サイトから入手できます。
　本書サポートサイトにデータ入手先の URL が記載されていますので、ご参照ください。

●本書は 2018 年 1 月段階での情報に基づいて執筆されています。本書に登場するソフトウェアのバージョン、URL、製品のスペックなどの情報は、すべてその原稿執筆時点でのものです。執筆以降に変更されている可能性がありますので、ご了承ください。
●本書に記載された内容は、情報の提供のみを目的としております。したがって、本書を用いての運用はすべてお客様自身の責任と判断において行ってください。
●本書の制作にあたっては正確な記述につとめましたが、著者や出版社のいずれも、本書の内容に関してなんらかの保証をするものではなく、内容に関するいかなる運用結果についてもいっさいの責任を負いません。あらかじめご了承ください。
●本書中の会社名や商品名は、該当する各社の商標または登録商標です。本書中では TM および (R)
マークは省略させていただいております。

はじめに

　ビッグデータが話題になり始めてから10年近くが経過しました。当初は多くの書籍やセミナーなどで取り扱われていましたが、最近はそれほど多く取り扱われることはありません。ビッグデータが広く一般に認知され、当たり前のように利用されているならば、書籍などで取り扱うことも少なくなると思われますが、現実にはそのような状況に至っていません。

　これは、ビッグデータを扱うべき人の意識が10年前とほとんど変わっていないためで、ビッグデータとはどのようなもので、どのように扱えば有益な情報が得られるのかを知らないからであるといえます。このような状況に陥っているのは、「ビッグデータの分析は難しい」と思われているためです。

　多くの書籍やインターネットなどで、ビッグデータについて調べてみると、ビッグデータについての歴史から始まり、どのような分析手法があり、結論としてどのような分析結果が得られるかなどの概念的なことが記載されているものがほとんどです。分析手法についても、統計学の分析手法を紹介するだけで、具体的にどのようにするのかが記載されていません。

　これでは、ビッグデータを扱う人にとってはビッグデータを分析するのが難しいという印象だけが残り、ビッグデータから離れていきます。これが、10年間進展のなかった真相ではないかと確信しています。

　本書では、ビッグデータを分析するときの考え方や実際の分析などを、データを使った操作も含め具体的に紹介します。ビッグデータの分析の半分以上はクロス集計で行うことが可能なので、分析ツールとしてはMicrosoft Excel（多くはピボットテーブル）を使用しています。Excelを使用できる人はすぐに分析可能になります。また、最後にExcelでは分析できないような複雑な分析(バスケット分析)を簡単な操作で行いますが、これも無料で入手可能な分析ツール(ゼッタテクノロジー株式会社の「Adam-WebOLAP plus Report 無償版」)を見つけたので製品の概要を紹介し、実際に分析を行います。

　最後に本書出版に関しお手伝い頂いた株式会社三馬力の樋山様、「Adam-WebOLAP plus Report 無償版」やホームページ「ビッグデータ活用塾」の作成でご協力頂いたゼッタテクノロジー株式会社の松尾様・田中様・松野様・安井様・小川様、ID-POSデータを使用させて頂いた株式会社アイディーズ様、事例の取材に協力いただいた本田技研工業株式会社様、株式会社カイエンシステム開発様、原稿作成にあたりご支援頂いた松川オフィスの松川様には心より感謝するとともに、ビッグデータ分析の普及を心より願っております。

2018年2月

著者 針原森夫

Contents

Chapter 1 ビッグデータとは   001

1-1 ビッグデータの流れ（歴史）   002
1-1-1 世界で初めての本格的ビッグデータ   003
1-1-2 コンピュータとビッグデータ   004

1-2 ビッグデータの今後   007

1-3 活用例   009
1-3-1 本田技研工業株式会社（HONDA）   009
   フローティングカーシステムとは   010
   交通情報作成の概念   011
   渋滞予測の仕組み   012
   効果   013
1-3-2 株式会社カイエンシステム開発   017
   ポケットタクシー　地図ナビとは   019
   効果   020
   ビッグデータ活用の背景   021

1-4 データサイエンティストの必要性   023

Chapter 2 分析方法 025

2-1 問題解決方法（PPDACサイクル） 026
2-1-1 PPDACサイクルとは 026

2-2 データ分析の前準備（データチェックとクレンジング等） 032
2-2-1 ピボットテーブルの操作方法 034
2-2-2 データチェックとクレンジングのポイント 045

2-3 データの分析（単純集計とカテゴライズ） 046
2-3-1 担当者別売上高 046
2-3-2 得意先別売上高 047
2-3-3 月別売上高 049
2-3-4 商品別売上高（カテゴリー化） 050
2-3-5 単純集計のポイント 056

2-4 クロス集計 057
2-4-1 担当者別・得意先別売上高 058
2-4-2 担当者別・商品別売上高 060
2-4-3 担当者別・売上年月別売上高 067
2-4-4 得意先別・商品別売上高 070
2-4-5 得意先別・月別売上高 072
2-4-6 商品別・月別売上高 076
2-4-7 クロス集計のポイント 082

目次　V

Chapter 3 ビッグデータの分析 083

3-1 目的の設定 084

3-2 データクレンジング 085
3-2-1 データのクレンジング 085
3-2-2 加工データの作成 089
年齢 089
単価 090

3-3 確定データによる分析 091
3-3-1 売れ筋商品 091
全体の上位20品目 092
全体の上位20品目の月別の推移 102
3-3-2 販売価格 103

3-4 再カテゴリー化 106
3-4-1 会員データの抽出 106
3-4-2 会員基本情報 107
会員数 107
年齢登録会員数 107
会員の年齢特性 110
3-4-3 店舗別・会員情報 115
3-4-4 年齢別・商品別売上高 121

3-5 多重クロス集計　128

3-5-1 店舗別・年齢別・商品別売上高　129

3-5-2 月別(季節別)・店舗別の年齢別・商品別・売上　134

Chapter 4　アソシエーション分析　147

4-1 アソシエーション分析とは　148

4-2 Excelでの分析　152

4-2-1 ピボットテーブルによるデータ変換(集計可能な表形式への変換)　153

4-2-2 併売数　154

4-2-3 バスケット分析　157

4-2-4 Excelでの実データ(お菓子のID-POSデータ)分析　157

売れ筋30商品が含まれるID-POSデータの抽出　158

売れ筋30商品のバスケットデータの作成　159

売れ筋30商品の併売データの作成　161

売れ筋30商品の併売クロス表の作成　164

4-3 Excelの限界　166

4-4 Adam-WebOLAP plus Report　167

4-4-1 特徴　167

4-4-2 使い方　171

事前準備(インストール)　171

基本的な使用方法　171

クロス集計の実施　172

4-5 Adam-WebOLAP plus Reportを使った バスケット分析 189

4-5-1 分析方法 189

前準備（デモサイトへのアクセス） 190

スクリプトのダウンロード 191

スクリプトの実行 192

スクリプトの変更 194

4-5-2 分析結果 201

併売クロス表レポート 202

アソシエーション分析レポート 203

あとがき 206

INDEX 208

Chapter 1
ビッグデータとは

　ビッグデータを理解するにあたり、ビッグデータとはどのようなものなのかを歴史を通じて理解することは、今後のビッグデータの方向性を知る上でも重要です。本章では、最初にビッグデータの歴史と今後の方向性を理解してもらいます。次に実際にビッグデータを活用している事例を紹介し、ビッグデータの活用によりどのような効果が現れるかを紹介します。最後に、ビッグデータの分析に必要な人材とそのスキルについて紹介し、ビッグデータの分析がそれほど難しくないことを理解してもらいます。

1-1　ビッグデータの流れ（歴史）
1-2　ビッグデータの今後
1-3　活用例
1-4　データサイエンティストの必要性

1-1

ビッグデータの流れ（歴史）

　最近、ビッグデータが話題になっていますが、その実態を知る人は多くありません。 大多数の人は、データ量が非常に多く、それを解析すると何らかの有益な情報を得られるデータくらいにしか考えていません。 確かにデータ量が非常に多いデータは、ビッグデータではありますが、そこから有益な情報が得られるかどうかは疑問です。 そこで、最初にビッグデータとはどのようなものかを紐解いていきます。

　ビッグデータの利用目的から考えると、そこから有益な情報を得るということが第一に挙げられます。 しかし、有益な情報を得るためには、情報を利活用するための目的が明確になっており、その目的に適合した何種類かのデータが一定量必要になります。

　このようにビッグデータは、「ある目的を持って集められたデータ」であると考えることができます。 しかし、実際にはすでに多方面で多くのデータが蓄積されており、これらのデータから必要な情報を見つけ出すということが求められます。このため、「ある目的を達成するために必要な情報が含まれるデータ」の集まりがビッグデータと考えることができます。 前者は企業等が調査を行い収集されるデータで、後者は商品別の売上予測を立てるためのPOSデータなどがあります。

　また、目的を達成するためには正確な情報が必要であり、そのためには「十分なデータ量」と「十分なデータの種類」が必要となります。さらに、「正確な情報を得るための処理方式や処理時間の問題」もあります。 ビッグデータの場合、通常の方式では処理できず、新しい方式が登場することも考えられます。

　このようなビッグデータを過去から振り返り、今後の方向性を考えてみたいと思います。

002　**1　ビッグデータとは**

1-1-1 世界で初めての本格的ビッグデータ

　国を統治するためには、国内の実情を正確に把握する必要があり、そのための調査が行われます。これは、ローマ帝国時代にも行われており、現在も続いています。このような国が目的を持って行った調査により得られる大量のデータは、ビッグデータと言っても良いでしょう。

　しかし、データの解析技法から考えると、統計学的な手法を用いた中世以降がビッグデータ時代の幕開けとなります。特に、人手による解析から、機械を使用して解析が行なわれた1890年のアメリカでの国勢調査は、画期的なできごとです。

　アメリカでは、10年ごとに国勢調査（全数調査）を行っています。1880年に行われた調査では集計に7年かかり、その当時の移民による人口増を考えると1890年の調査の集計には10年以上かかることが予想されていました。

　そこで、政府は集計を短縮する方策を公募し、ホレリスが考案したパンチカードと電気作表システムが採用され、集計作業がわずか18ヶ月で終了したのでした。このホレリスの考案したシステムは、後にパンチカードシステムとして日本の国勢調査でも使われることになったのです。

このように、アメリカの1890年国勢調査は、次のような条件が揃ったものであり、現在にも通じる本格的ビッグデータなのです。

- 目的を持って収集されたデータ
- データの種類(項目)も多い
- 人手では処理できない大量のデータ
- 解析技法がある
- 短期間で解折できた

　なお、ホレリスの考案したシステム(パンチカードシステム)は、その後他の国の国勢調査でも使用され、日本でも1920年の最初の国勢調査で使用されました。　また、ホレリスがこのシステムのために興した会社がIBMの前身となったのです。

1-1-2 コンピュータとビッグデータ

　パンチカードシステムは、1890年のアメリカにおける国勢調査以後発展し、大量データの解析に威力を発揮しました。　ただし、同じカードを何度も使用することもあり、人手による操作が必要でした。

　しかし、1960年代にコンピュータが普及し始めると、カードにパンチされたデータを入力すると、その後同じデータのカード入力が必要ないことや、プログラミングによる効率的な集計や柔軟な作表が可能となったことにより、ビッグデータの解析にコンピュータが使用されるようになりました。　日本でも1961年、総理府統計局に国勢調査の集計用としてコンピュータが導入されました。

　1970～1980年代には、民間も含めてコンピュータが本格的に導入し始め、多くの業務でコンピュータが使われ始めました。　それとともに業務で使われるデータも増え始め、総合的にデータを管理するデータベース(DBMS)が導入されるようになってきました。

　DBMSでは、社内業務の目的に沿って構築されてきましたが、企業の

意思決定には不十分なところがありました。 そのため、1990 ～ 2000年代になると企業の様々なデータを一か所に集めるデータウエアハウスと呼ばれる概念が出現し、データマイニングやOLAPとともに企業の意思決定に使われるようになりました。 これらDBMSやデータウエアハウスで蓄積されたデータもビッグデータの一つです。

1980 ～ 2000年には、コンピュータの高性能化と低価格化が進むとともにデータを蓄積するハードディスクの高密度化が進み、データウエアハウスのような大量データの蓄積が一般企業でも可能になりました。また、ソフトウェアの技術も進み、種々のデータ解析も可能となりました。 しかし、データはある限られた範囲内でしか収集されておらず、データ量については飛躍的な増大には至ってはいませんでした。

ところが、2000年以後インターネットの普及に伴い、個人の様々なデータがネットワークを流れるようになり、蓄積されるデータ量も飛躍的に増大することになりました。 また、企業でも世の中の動向をつかむためインターネットを利用するようになり、データ量の飛躍的増大に拍車をかけることになりました。

このような多種多様で膨大なデータを処理する技術としては、ハードウェアでは、コンピュータの一層の高性能化、特にメモリーのインメモリ化があり、ソフトウェアでは、BIなどの各種分析ツールの普及があります。

しかし、ビッグデータを使いこなしている企業はまだまだ少ないのが実情です。これは「どうしてか」という点については、次の節で考えてみたいと思います。

1-1　ビッグデータの流れ（歴史）

ビッグデータにまつわる主なできごと

紀元前27年　ローマ帝国が人口や土地を調査
　　　　　　「人口ルネサンス」
1890年　　アメリカでパンチカードによる国勢調査を実施
　　　　　　7年かかっていた集計が18ケ月で完了
1920年　　日本でもパンチカードによる国勢調査を実施
1961年　　日本で国勢調査集計用としてコンピュータ導入
1970年〜　民間を含めたコンピュータの本格導入
　　　　　　データベース(DBMS)の登場
1990年〜　データウエアハウス概念の出現
　　　　　　データマイニングやOLAPによる分析
2000年〜　インターネットの普及と利活用
　　　　　　データ量が飛躍的に増大

参考URL
統計の歴史を振り返る〜統計の3つの源流〜（総務省 統計局）
http://www.stat.go.jp/teacher/c2epi1.htm

ビッグデータと国勢調査―その意外な結びつきの話（ダイヤモンド・オンライン）
http://diamond.jp/articles/-/38184

ビッグデータの理想と現実(国立情報学研究所 佐藤一郎)
http://www.juce.jp/sangakurenkei/event/houkoku/no6_kouen_03.pdf

1-2
ビッグデータの今後

　当初、ビッグデータは何らかの目的で集められた解析可能な大量のデータ群でした。しかし、インターネットの普及にともない様々なデータが多数集積され、近年それら全体をビッグデータと言うようになりました。ビッグデータの特徴は、2001年にダグ・レイニーが示した、量（volume）・速度（velocity）・多様性（variety）を持つデータであり、このような特徴を考慮したうえで、分析ツールなどを利用して実際の解析が行われます。

ビッグデータの3V
(ビッグデータの特徴)

Volume　　Velocity　　Variety
（データ量）　　（速度）　　（多様性）

　分析ツールについてもユーザインタフェースの良いBI製品が出てきていますが、実際にビッグデータの分析はそれほど行われていません。これは、分析する人の資質の問題が大きいと思われます。この資質に関しては、「1-4 データサイエンティストの必要性」で詳しく紹介しますが、少なくとも統計に関する基礎知識や業界に関する知識は必要です。

このような知識は、AI（人工知能)を利用すると簡単に機械化できる可能性があります。しかし、業界に関する知識をすべて網羅することは難しく、また、多種多様なデータのどれを利用するかも難しいです。当面は、ある特定の分野でのAI活用が現実的です。特にある傾向から未来を予測するよりも、データの中の特異点を見つけ出すほうが、より現実的です。　たとえば、この特異点を見つけ出すことにより、クレジットカードの不正利用やレセプトの不正請求などを見つけ出すことが可能になります。

1-3

活用例

1-3-1 本田技研工業株式会社 (HONDA)

　ホンダは、1981年世界に先駆け民生用カーナビを実用化し、その結果初めて訪問する場所でも間違いなく目的地まで行けるようになりました。その後、カーナビは各社の開発競争が激化した結果、GPS方式を採用したものや音声ナビなどが登場してきました。しかし原理は、位置情報を取得し地図情報を利用しながら目的地に案内するものであり、新しい情報が付加されることはありませんでした（1996年に渋滞や交通規制などの道路交通情報を提供するVICSサービスが開始されてからは、その情報が表示されるカーナビが出てきました）。

　このような状況において、ホンダは2003年に過去から現在までのフローティングカーデータを利用した情報をカーナビへ提供できるシステム（フローティングカーシステム）を世界で初めて実用化し、「インターナビ」として発表しました。

フローティングカーシステムとは

　「フローティングカーシステム」では、走行している車がセンサーとなり、フローティングカーデータ(時刻・位置・速度・方向のデータ)を一定間隔ごとに収集し、カーナビのメモリーに蓄積します。蓄積されたデータは、「インターナビ情報センター」から「インターナビ交通情報」を受け取る際にアップロードされます。アップロードされたデータは、異常データ等を削除し、個人が特定できない形で統計処理を行い、渋滞情報や到着予定時間(旅行時間)などといった情報を、「インターナビ交通情報」として提供します。

交通情報作成の概念

「インターナビ」では、道路の交差点と交差点の間を"リンク"として定義し、そのリンクを通過した車のフローティングカーデータをもとに情報を作成します。たとえば、リンクの通過時間を情報としてデータを作成すると、1台の車でも情報は作成できますが、ドライバーの運転特性によって通過時間が異なるため、複数台のデータから情報を作成したほうが精度向上につながります。

このように、日々データを収集し続け、情報を蓄積することにより、特定の日や曜日・時間帯による各リンクの通過時間が予測でき、最終的に渋滞予測が可能となります。

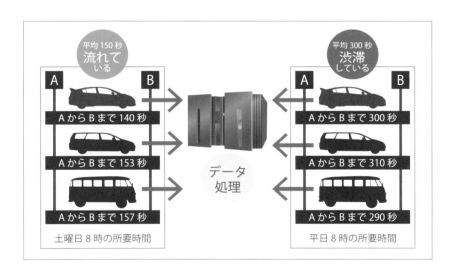

渋滞予測の仕組み

渋滞予測には、現在時刻、現在時刻より数時間先、数時間先より遠い目的地の3種類があります。現在時刻は、VICS情報とフローティングカーデータのリアルタイム交通情報をもとに所要時間を提供しています（突発的な渋滞も反映）。

現在時刻より数時間先は、直前までのリンク所要時間の変化パターンに対して、過去の交通情報の中から、曜日・時間帯を考慮した上で最も似たパターンを検索し、それを現在時刻以降のリンク所要時間として用います（パターンマッチング渋滞予測）。

数時間先より遠い目的地は、過去の交通情報の曜日・時間帯などを考慮した統計情報を用います。

このような予測手法により、精度の高い予測が可能となりますが、そのためにはリアルタイムにデータを収集する必要があります。ホンダでは、これを実現するために「リンクアップフリー」というサービスを提供しており、無料の通信を実現することで、リアルタイムデータの収集と交通情報の提供を可能にしています。

このようにホンダでは、非常に多くの「インターナビ会員」から毎日アップロードされる相当量のフローティングカーデータをもとに、精度の高い「インターナビ交通情報」を提供しています。

効果

当初の目的に対する効果

快適なドライブの実現

ドライバーは目的地まで行く途中に渋滞があるとイラつくことがあります。特に時間に縛られている時などは、非常にイライラすることになり、これが交通事故の原因となることもあります。このイラつき解消のためにも交通渋滞は避けたいとドライバーは考えることを考慮すると、渋滞情報等の交通情報の提供はイラつき解消を実現するとともに、快適なドライブを実現することになります。さらに、交通事故の減少にも貢献することになります。

CO_2削減

車は一定速度で走っていると燃費が良くCO_2の排出も少なくなります。渋滞に巻き込まれてしまうと、止まったり進んだりの繰り返しとなり、燃費が悪くなってしまいます。こうしたことから、渋滞情報の活用は、CO_2削減にも効果があります。

「インターナビ」は、通常のカーナビより早いルートを案内することで、所要時間の短縮を実現し、平均車速の向上とCO_2の削減も実現しています。

さらに、「インターナビ」をパソコンで使用できる「パーソナル・ホームページ」やスマートフォンで使用できる「インターナビ・リンク」を使うと、毎日のエコドライブの成果を簡単に表示し、同じ車種のオーナー同士の燃費ランキングもわかるサービスもホンダでは提供しています。

当初は想定していなかったが、社会状況により生まれた効果
急ブレーキ多発地点の埼玉県への提供（2007年12月から2009年までの取り組み）

　ホンダは、フローティングカーデータから得られた急ブレーキが多く発生した場所27個所を特定し、その情報を埼玉県に提供しました。埼玉県では、それらの地点について現地調査と原因把握を行い、街路樹を剪定して見通しを確保したり、路面標示による速度抑制の注意喚起を行うなどの安全対策を16箇所に対して実施しました。対策を行ってからの1ヵ月間と、対策前の急ブレーキ回数を比較したところ約7割減少し、交通事故の未然防止につながる結果となりました。

急ブレーキ多発箇所対策前：国道254号（和光市）

対策後：街路樹を剪定して見通しを確保

急ブレーキ多発箇所対策前：国道463号（新座市）

対策後：路面標示による速度抑制の注意喚起

SAFETY MAP（セーフティマップ）

　ホンダは2013年3月、フローティングカーデータの急ブレーキ多発地点に加え、都道府県の警察本部から提供された交通事故情報などを追加し、地域住民などから投稿される危険スポット情報を地図上に掲載したソーシャルマップ「SAFETY MAP」を公開しました。
　「SAFETY MAP」は、地域住民や小・中学校、企業などといった団体で、地域の安全活動に活用できることを目的としており、通学路の交通安全対策にも役立てられています。現在は、全国で利用できるようになっています。

災害時の通行実績マップ

　2006年にホンダは、NPO法人防災推進機構との共同研究で、2004年に発生した中越地震の実際の道路状況のデータとフローティングカーデータの通行実績を重ね合わせることで、災害時に通れた道の判別に使えるとの認識に至りました。

　そして、2008年に発生した岩手・宮城内陸地震発生時では、インターナビ単独で「通行実績マップ(通れた道路マップ)」として一般公開しました。

　その後、2011年に発生した東日本大震災においては、「通行実績マップ」をGoogle社およびYahoo!社に提供し、NPO法人ITS-Japanをはじめ各種行政機関や研究機関で利活用されました。

　さらに、2016年に発生した熊本地震においても「通行実績マップ」を一般公開し、被災地域を車で移動する人たちに最新の通行状況を提供し、復興活動の支援に寄与しています。

　この他、気象データと「インターナビ交通情報」の通過予定時刻をもとに、気象・災害時における必要な情報を利用者のカーナビに提供したり、災害発生時には車の位置情報をもとに位置情報付安否確認メールを家族に届けたりする仕組みも提供しています。

　なお、ホンダの提供している「インターナビ」に関しては、次のURLを参照すると、詳しいサービス内容を見ることができます。

参考URL

インターナビ PremiumClub使い方ブック
http://www.honda.co.jp/internavi/navi_manual/pdf/
internavi_16hb26.pdf

1-3-2 株式会社カイエンシステム開発

　株式会社カイエンシステム開発では、2013年8月に「ポケットタクシー地図ナビ」(以下「地図ナビ」という)を開発し、タクシー業界に新風を送り込みました。この「地図ナビ」は、過去の実車データをもとに、乗客の多い道や場所を知らせ新人ドライバーでもベテランドライバー並みの乗車を実現させるものです。これに関しては、2014年7月21日の東京交通新聞に掲載されました。

出典：2014年（平成26年）7月21日（月曜日）東京交通新聞

「地図ナビ」の発案者は、株式会社カイエンシステム開発の社長金子一彦氏で、「タクシー業界が硬直化し、タクシー会社の経営者が乗務員の売上向上のための支援や施策を持っていない」ことを金子氏自身で理解したことが開発のきっかけとなったそうです。具体的には、タクシー業界では乗務員の給料は完全歩合制で、給料を上げたかったら乗務員各自が努力をすればよいという考え方があり、経営者は乗務員の売上向上には関心がないことが分かりました。このため、ベテランドライバーは自分が持っているノウハウを活用し乗車率を上げることは可能ですが、新人ドライバーはそのような事ができず給料も低くなり辞めていくことになります。

　金子氏は、「乗客に優しい乗務員を増やしたい。」という思いがあり、タクシーに乗りたいというお客さんがたくさん現れる場所と時間帯を理解しようと積極的に顧客開拓に取り組む乗務員が増えれば、最終的に乗客に優しい乗務員が増えると考えています。「地図ナビ」を使えば、乗客に優しい乗務員の増加と新人ドライバーの離職率低下が実現できます。

ポケットタクシー　地図ナビとは
実績データ活用機能

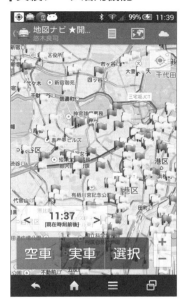

　「地図ナビ」では、過去の実車データを蓄積し、それを地図上に表示します。実車データには、乗車位置(緯度・経度)・乗車時間（年月日・時間・分）・降車時の料金等が使用されます。これは、従来の日報のデータで、現在ではタクシーメーターで収集できます。矢崎総業のタクシーメーターでは、メーターで収集されたデータが自動で矢崎総業のサーバーにアップロードされ、必要に応じて日報を作成します。

　「地図ナビ」もこのアップされたデータを活用し、ある時間帯での実車位置と料金が旗で表示されます。料金については、黄色（730円～1,500円）・緑色（1,500円～5,000円）・赤色（5,000円以上）で表示され、時間については、月・曜日・時間帯で検索し、前後10分のデータを表示します。地図を拡大すれば、どちら向きに旗が立っているかも確認ができます。現在位置追尾機能を使うと、現在地から半径2キロのデータを表示し、2キロの移動、あるいは5分の時間経過でデータを更新して表示します(表示データは過去2年分)。方位追尾機能では、カーナビと同じように進行方向を常に上に向けることもできます。

魚群探知機機能

「魚群探知機機能」は、現在、どこの街や駅周辺でタクシーの乗車が増えているのかを地図上で表示する機能で、実車ボタンを押すとそれが地図上に反映されることで実現しています。本来の魚群探知機でいう、今どこに魚の群れがいるのかを表示するものと同じ機能です。乗車している場所が、駅なのかホテルなのかイベント会場なのか等がわかります。

データベース構築機能（長距離客）

「データベース構築機能」は、すべての実績データに対して、どのような乗客が、何時頃、どこで利用するかを登録できる機能で、乗客との会話の中で「タクシーはいつも使っているが、この時間帯はタクシーが少なくて困る」というようなことが分ったら登録を行い、そのデータを使うことで、その時間にその場所を通ると乗客を獲得することができるようになります。

特に長距離の乗客は重要で、移動中の会話から定期的に利用するかどうかを聞き出し、データを登録することにより効率よく売上を上げることが可能になります。

効果

発案者である金子氏が自らアルバイトとしてタクシードライバーを体験し、その中で「地図ナビ」を使った結果、1ヶ月半で12回のアルバイトを行い、2回トップの成績を上げられました。「地図ナビ」を使うことで、経験の浅いドライバーでもある程度の成果を出せることが証明できるという結果になりました。

利用者(乗客)側からは、タクシーの来ないような所でも、乗車実績があればタクシーを利用することができる可能性が高まります。また、同じ場所から定期的に乗車する利用者がいた場合、「地図ナビ」のデータベース登録機能を利用することで、同じタクシーを利用することが可能となり、利用者との話し合いによっては「おかかえ運転手」的なものにつながる可能性があります。利用者にとっても、質の高いサービスを受けることが可能になります。

▌ビッグデータ活用の背景

　「地図ナビ」の事例は、ビッグデータ分析ではなく、ビッグデータの活用例ということで紹介しました。

　ビッグデータを利活用するには、「ビジネス力」、「データサイエンス力」、「データエンジニアリング力」が必要です。「ビジネス力」は、企業を取り巻く環境を理解し、課題を見つけて整理する力で、「地図ナビ」の発案者である金子氏はタクシー業界を理解して課題を見出したことで、「地図ナビ」ができました。

　ビッグデータ分析でも、このビジネス力は必要で、データの発生した企業や業界の状況を理解していないと正確な分析や新たな発見はできません。ビッグデータの分析を目指す人は、データ分析の前にデータの発生した企業や業界の理解、状況把握を心掛けてほしいと思います。

1-3　活用例　　021

今回ご協力頂いた「株式会社カイエンシステム開発」では、「地図ナビ」以外にもタクシー業界向けアプリとして「ポケットタクシー」や「IP無線顧客キャッチシステム　ポケットタクシー動態管理」も開発しています（詳しくは下記URLを参照）。

参考URL

ポケットタクシー

http://www.caien.co.jp/ptaxi/

IP無線顧客キャッチシステム　ポケットタクシー動態管理（地図ナビ含む）

http://www.pockettaxi.jp/driver/w

1-4

データサイエンティストの必要性

　データの利活用は、組織にとって良い結果をもたらすだけではなく、組織を利用する人にとっても良い結果をもたらすことは、前節の事例からも理解できたかと思います。

　では、データの利活用をどのように実現するかというと、次のようなことで実現することができます。

> ① ある目的を達成するためのデータを集め
> ② 集められたデータを目的に沿って分析を行い
> ③ その結果に基づいた行動を行う

　しかし、この行動が正しいかどうかは検証する必要があり、そのために再度①～③を実施します。このサイクルを繰り返すことにより、効果を高めることが可能になります。では、①～③を実施するためには、どのようなスキルが必要なのかを考えてみたいと思います。

　まず、①において「ある目的」とありますが、この目的は企業などの課題を明確にし、その課題を解決するための目的です。このように、企業を取り巻く環境を理解し課題を見つけ整理する「ビジネス力」が必要です。

　次に、②では、集められたデータを分析するスキルが必要になります。データ分析を行うためには、情報処理や統計学などの情報科学系の知識を理解し使いこなせる「データサイエンス力」が必要です。

　更に、③においては、データサイエンス力を実際のビジネスで使えるようにする「データエンジニアリング力」が必要となります。

　このようなスキルを持った技術者は「データサイエンティスト」と呼ばれ、現在広く求められています。

私たちが①～③を行うとした時、身近にデータサイエンティストがいれば問題ありませんが、データ分析に精通したデータサイエンティストはいないことがほとんどだと思われます。

　そこでデータサイエンティストを育てていく必要があります。データサイエンティストを育てていくためには、3つの力を養成する必要があります。

　まず「ビジネス力」については、組織に所属し、ある程度活動していれば、それなりに身についていくと思われます。

　次に「データサイエンス力」についても、パソコンを使いこなせるなら情報処理についてもある程度の力があると思われます。統計学については、少々勉強が必要ですが、いきなりすべてを理解するのは難しいので、最初にExcelのピボットテーブルを利用して統計処理をマスターし、理解できるようにするとよいでしょう。

　最後に「データエンジニアリング力」ですが、これは実際に分析を行いながら身に着けていくのが一番良い方法です。具体的には、実際の課題を解決するための目的を設定し、そのためのデータ収集を行い、実際の分析を行います。分析については、Excelのピボットテーブルを使用して単純集計・クロス集計を中心に、いろいろな視点から繰り返し行うことにより問題点を見つけ出していくとよいでしょう。これについては次章で詳しく説明します。

Chapter 2
分析方法

　データ分析を行うにあたり、なぜデータ分析が必要なのかを理解したうえで、実際の分析を行う方が効果的です。そもそもデータ分析はなぜ必要なのか。それは、ある目的を達成するために必要になるわけです。では、どのような目的かというと、問題解決という目的です。特に、実社会における問題解決は重要です。

　このため、本章では、最初に実社会における問題解決方法を紹介し、その後、その問題解決方法に則った実データを使用した分析方法を紹介します。

2-1　問題解決方法（PPDAC サイクル）
2-2　データ分析の前準備（データチェックとクレンジング等）
2-3　データの分析（単純集計とカテゴライズ）
2-4　クロス集計

2-1 問題解決方法（PPDACサイクル）

2-1-1 PPDACサイクルとは

　PPDACサイクルとは、実社会における問題解決のためのフレームワークの一つです。これは、問題解決における段階を、①Problem（問題）・②Plan（計画）・③Data（データの収集）・④Analysis（分析）・⑤Conclusion（結論）の5つに分けて実行するもので、戦後日本の品質管理で用いられてきたPDCAサイクルが基本となっています。

　PDCAサイクルでは、サイクルを何度も循環させることで成果を高めていくことができるように、PPDACサイクルでも何度も循環させ、より良い方向に進めることができます。このため、PPDACサイクルは時間をかけて実行するのではなく、短時間で実行し、完ぺきではないが取りあえずの結論を出し、その結論から次の問題点を発見するということを行い、サイクルを回すことが必要になります。

サイクルの各段階でどのようなことを行うのかを次に示します。

① Problem（問題）

　問題のフェーズでは、最初に問題を洗い出し、次に課題を設定し、課題を解決するための指標を決めます。特に課題を解決するための指標は、具体的なもので達成できたかどうかが判断できる定量的なものにする必要があります。

　たとえば、あるコンビニエンスストアで売上の減少が続いているとします。問題は"売上減少"であり、その課題は"売上向上"となります。そして課題解決の指標は、"売上高（金額）"となります。

② Plan（計画）

　計画のフェーズでは、問題のフェーズで明確になった指標に対し、どのような調査を行うかを決めます。特に、指標を達成するためにどのような施策（方法）を行うのかを考え、この施策につながるような因果関係を仮説として設定します。その仮説を検証するための分析手法や収集すべきデータを決めます。

　先ほどのコンビニエンスストアの例を題材にすると、課題としての"売上向上"を実現するためには、いろいろな方法がありますが、"新規顧客を増やす"ことや"1人当たりの購入点数を増やす"といった施策などが現実的です。

　このコンビニでは、一般的に好まれるものを陳列していますが、他のコンビニとの違いがみられない状況であったとします。また、立地も住宅地の中にあるため、新規の顧客はあまりないとします。そうすると、施策としては"1人当たりの購入点数を増やす"ことになります。

　"1人当たりの購買点数を増やす"ためには、顧客が欲しい商品を揃えるしかありません。そのため、仮説としては"年代別に購入品が異なる"ということにします。

　データで、若年層・中年層・老人層・後期高齢者層で各々購入品に違いのあることが証明されれば、地域の年齢構成に合わせた品揃えを行い、地域にPRすることで売上向上につながる可能性があります。

　このため、データとしては、年齢・（性別）・購買日時・購入品名・個数・単価などが必要となり、これらのデータをクロス集計するだけで分析が可能です。

③ Data（データの収集）

　データ収集のフェーズでは、計画のフェーズで決めたデータを収集し、収集したデータを分析できるように加工します。収集にあたっては、調査票のようなもので収集する場合や、すでに収集されたものもあります。

　いずれの場合も、最初にデータが正しいかどうかのチェックを行い、分析に必要な正しいデータに加工する必要があります。さらに、データの分析に合わせたカテゴリー化を行うことも必要です。

　先ほどの例では、データはコンビニのID-POSデータが使えますが、年齢のデータはすべてのID-POSデータにあるかが疑問です。会員カードを持っている人はそのカードに年齢が登録されていれば問題ありませんが、そうでない人のデータは分析に使用できない可能性があります。

また、ID-POSデータが揃った段階で、各項目に矛盾がないかのチェックを行うことは必要で、さらに年齢階級別(20～39歳・40～59歳・60～74歳・75歳以上など)に年齢を分類しておくと、スムーズに分析を進めることができます。

④ Analysis（分析）

　分析のフェーズでは、データ収集のフェーズで整理したデータをもとに分析を行い、施策に活用するためのヒントを見出すことが重要です。特に、問題解決のためには可視化が重要で、現状把握・比較・傾向などをグラフや表で表現し、理解できるようにすることが効果的です。

　先ほどの例では、次のようなものが考えられます。

- 過去からの売上推移(全体と年齢階級別)の棒グラフ
- 年齢階級別売上商品トップ10（表）
- 年齢階級別/商品分類別売上商品トップ5（表）
- 売上商品トップ10／商品分類別売上商品トップ5の全売上高に占める割合(表)
- その地域の年齢構成(棒グラフ：RESAS使用)
- 来店者の年齢構成(棒グラフ)など

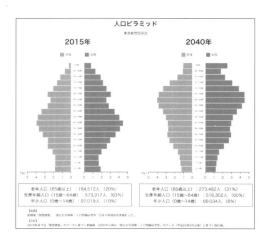

　施策に活用できるヒントを見出すことができれば、この他にも分析する要素が出てくるようになります。

⑤ Conclusion（結論）

　結論のフェーズでは、分析のフェーズで行った分析結果をもとに、改善点を見つけて施策とし、取りあえずの結論とします。取りあえずの結論なので、今回の施策を実行して当初の課題（売上向上：売上高がどの程度になるのか）がどの程度改善されるのかにより、次の問題を見つけます。問題が見つかったら課題を設定し、指標としての売上高を設定し、計画を立て、データを収集し、分析・結論と次のサイクルに進んでいくことにより、売上高を高めていくことになります。

参考URL
RESAS（地域経済分析システム）
https://resas.go.jp/

2-2
データ分析の前準備 (データチェックとクレンジング等)

　　今回使用するデータは、サンプルデータとして作成されたものです。サンプルデータなので実データとは少々傾向が違いますが、分析するにあたっては、一般とどのように違うのかも含めて分析を行います。

　　前節でも示したように、分析を行う前に行うことがあります。

　　まず、Problemで問題の洗い出しから課題と指標の設定を行います。今回のデータは、家電卸の企業が得意先に何を何台販売したかのデータです。この企業の状況は、「売上が平準化し伸びない」という悩みがあり、これが問題となります。そのため、課題としては「売上向上」となり、指標としては「売上高」になります。

　　次にPlanで「売上高」が増えるような施策を考え、分析手法や収集すべきデータを決めます。しかし、今回はすでにあるデータを分析することになるので、データ項目の意味を理解し、売上増につながりそうな項目と分析手法を考えます。

　　項目の意味については、次のようになります(データ件数は22,757件)。

項目名	意味
伝票番号	販売商品1種類について一つの伝票
売上年月	売上のあった月(今回は2000年1月〜 2000年12月)
商品CD	商品に割り当てられた番号
商品名	販売した商品の名前
販売単価	販売した商品の単価(円)
得意先CD	販売先(得意先)の番号
得意先名	販売先(得意先)の名前
担当者	商品を販売した担当者名
数量	販売した商品の数(1つの伝票では4個までしか注文できない)

032　**2　分析方法**

これらの項目から売上を上げる施策を考えると、次のようなことが考えられます。

・売上高の低い担当者の売上向上
・取引高の低い得意先の取引高向上
・売れない商品の拡販
・売上高の低い月の拡販

これらの施策に対する仮説と分析方法は、次のようになります。

項目	施策	仮説	分析方法
担当者	売上高の低い担当者の売上向上	担当者ごとの売上高に大きな違いがある	単純集計とクロス集計
商品名(CD)	売れない商品の拡販	売れる商品と売れない商品がある	
得意先名	取引高の低い得意先の取引高向上	得意先ごとに売上高に大きな違いがある	
売上年月	売上高の低い月の拡販	売上高の月変動が大きい	

　次にDataの段階になりますが、今回はすでにあるデータを使用するためデータ収集の必要はありませんが、分析を迅速かつ正確に行うため、データのクレンジングと加工を行います。

　データのクレンジングとは、データの重複や間違い（異常データ等）、抜けなどを見つけ、必要に応じて修正あるいは削除を行い、正しいデータに整理することです。今回のデータも、重複や間違いなどがないかを調べ、整理してみることにします。

　これらの作業を行う前に、今後頻繁に使用することになる表計算ソフトMicrosoft Excelのピボットテーブルの操作方法について説明します。

※ここで使用しているサンプルデータは、制作協力のゼッタテクノロジー株式会社のWebサイトからダウンロードすることができます。

2-2-1 ピボットテーブルの操作方法

　Excelのピボットテーブルを使用するには、まずピボットテーブルで分析する表のデータファイルをExcelで開き、次の操作を行います。

① 表中のセルをクリックします。
　　図では、表頭の「伝票番号」(A1)をクリックしました。
② [挿入]タブをクリックします。
③ [テーブル]グループの[ピボットテーブル]をクリックします。
④ [ピボットテーブルの作成]ダイアログボックスが表示されますので、分析データやピボットテーブル分析を行うシートに変更がなければ、下部にある<OK>ボタンをクリックします。

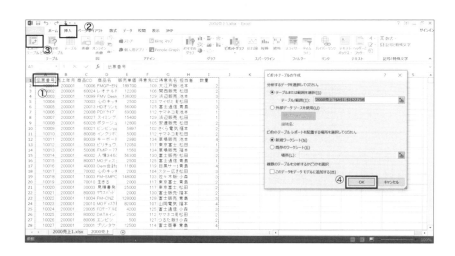

新しいシートに「ピボットテーブル」が表示されます（下図）。

このピボットテーブルを使って、データのチェックや分析を行います。

操作は、画面の右端にある［ピボットテーブルのフィールド］から行います。

［フィールド］とは［項目］を表し、分析を行う表の表頭の各項目に相当します。項目名の前に □ (四角の枠) が付いています。

その下に、［ボックス］と呼ばれる4つの領域（フィルター・行・列・値）があり、ここに［フィールド］の［項目］をドラッグすることで、分析を行うことができます。

2-2 データ分析の前準備（データチェックとクレンジング等）　　035

それぞれのボックスは次のような意味があります。

ボックス名	意味
フィルター	項目の中の種類別に集計を行うとき、その項目に相当する[項目(フィールド)]をドラッグします。
行	表側にあたり、集計したい[項目(フィールド)]をドラッグします。 ドラッグすると、その項目の内容が表示されます。 たとえば、「得意先名」を[行]ボックスにドラッグすると得意先一覧が行側として表示されます。 データの入っていない箇所があった場合、空白のセルとして最後に表示されます。
列	表頭にあたり、集計したい[項目(フィールド)]をドラッグします。 ドラッグしたら[行]と同様その項目の内容が表示されます。
値	集計したい値のある[項目(フィールド)]をドラッグします。 ドラッグしたら、項目の内容ごとの合計値が表示されます。 たとえば、「得意先名」を[行]ボックスにドラッグし、「数量」を[値]ボックスにドラッグすると、 得意先別の販売量が表示されます。 数値項目以外の項目をドラッグすると、その内容の個数が表示されます。 たとえば、身長階級別の人数を数える場合は、文字列の項目を[値]ボックスにドラッグします。

Excelのピボットテーブルを使えば、簡単に集計作業を行うことができます。

今回は、このピボットテーブルを利用してデータのチェック、および異常データのクレンジングを行います。

① 伝票番号

「伝票番号」は、基本的に重複することはないことが前提となりますので、ここでは重複の有無について調べます。「伝票番号」ごとの枚数を調べ、すべて1枚であれば重複がないことになります。

「伝票番号」の枚数を調べるには、次のような操作を行います。

---

① [伝票番号]を[行]ボックスにドラッグします。
② [商品名]を[値]ボックスにドラッグします。([商品名]以外でも文字列の項目であれば可能です)

036　**2　分析方法**

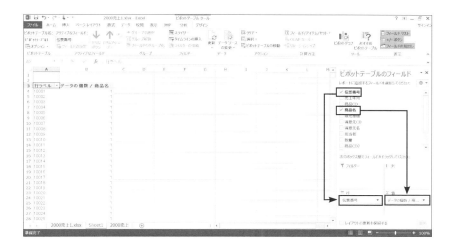

　[行ラベル]に「伝票番号」、[データの個数／商品名]に「伝票番号」ごとの枚数が表示されます。
　すべてが「1」であれば、重複がないことになります。
　伝票の枚数が少なければ、目視でのチェックも可能ですが、今回は2万件を超える件数ですので目視ではとても不可能です。
　そこで、Excelの関数を使って重複がないかをチェックしてみます。
　ここではExcelの「COUNTIF関数」を使って、B列の4行目から合計の値のある行(22,760行目)を範囲指定し、「1」の数を数えます。

　=COUNTIF(B4:B22760,1)

　結果は「22,757」となりました。

　合計の値以外の数値が入っている行数は22,760－3＝22,757となり、すべての行の値は「1」であることが確認できます。
　これで伝票の重複がないことがわかりました。また、[行ラベル]の最後に空白のセルがないことから、「伝票番号」の抜けがないことも確認できます。

2-2　データ分析の前準備（データチェックとクレンジング等）　　037

② 売上年月

「売上年月」を確認するには、次のような操作を行います。

[売上年月]を[行]ボックスにドラッグします。

行ラベル ▼
200001
200002
200003
200004
200005
200006
200007
200008
200009
200010
200011
200012
総計

［行ラベル］の値が2000年1月から2000年12月までのデータで、それ以外のデータがないことがわかります。

このように、想定外の年月が表示されていなければ、特に問題はありません。また、総計の上のセルに空白のセルはないので、「売上年月」の抜けがないことも確認できます。

③ 商品CD・商品名・販売単価および得意先CD・得意先名

「商品コード(CD)」と「商品名」、あるいは「得意先コード(CD)」と「得意先名」は、それぞれ1対1で対応している必要があります。

さらに、商品の場合は、一つの商品に対して「単価」が1つであれば、「商品コード(CD)」と「商品名」、「単価」のすべてが1対1で対応していなければなりません。

ピボットテーブルの[行]ボックスに確認したい項目を順番に並べることで、どのように対応しているかを簡単に確認することができます。

まず、「商品コード(CD)」と「商品名」の関係から調べてみます。

038　**2　分析方法**

ピボットテーブルで、次のような操作を行います。

① [商品CD]を[行]ボックスにドラッグします。
② [商品名]を[行]ボックスの[商品CD]の下にドラッグします。

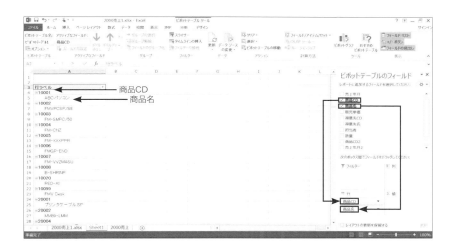

「商品コード(CD)」と「商品名」が1対1ならば、ブランクのセルや1つの「商品コード(CD)」に対し複数の「商品名」が存在することはありません。

内容を確認してみると、[行ラベル]の総計(最後のセル)の上のセルが空白ではないので、「商品コード(CD)」のない(抜けた)データはないことが確認できます。

もし、一つの「商品コード(CD)」に対して「商品名」が複数あった場合、「商品コード(CD)」と「商品名」の数が等しくなりません。しかし、「商品コード(CD)」に対して複数の「商品名」があっても、「商品コード(CD)」のない「商品名」が混在していると、双方の件数が等しくなる可能性があります。そのため、「商品名」の抜けがなく、「商品名」と「商品コード(CD)」の件数が等しければ、1対1に対応していることになります。

それぞれの件数を確認するために、Excelの関数を使用します。

まず、最初に「商品名」の抜けがないかを確認します。
「COUNTBLANK関数」を使って空白のセルを数えてみます。

=COUNTBLANK(A4:A121)　　※範囲：セルA4 〜 A121(総計の上のセル)まで

　結果は「0」が返ってきました。「商品コード(CD)」の分も含まれていますが、「商品コード(CD)」も抜けがないので、「商品名」には抜けがないことになります。
　次に、「商品コード(CD)」の件数を数えてみます。
「商品コード(CD)」は数値項目なので、「COUNT関数」を使って件数を確認してみます。

=COUNT(A4:A121)
　※範囲：セルA4 〜 A121(総計の上のセル)まで(COUNTBLANKの時と同じ)

　結果は、「59」が返ってきました。

　さらに、「商品名」の件数を数えてみます。「COUNTA関数」を使って件数を確認してみます。

=COUNTA(A4:A121)
　※範囲：セルA4 〜 A121(総計の上のセル)まで(COUNTBLANKの時と同じ)

　結果は、「118」が返ってきました。

　この場合、「A4」から「A121」までのセルで、データの入っているセルの件数をかぞえているので、出た値から「商品コード(CD)」の件数を引く必要があります。

040　　**2　分析方法**

結果は次のようになります。

59(118−59＝59)

　この場合、「商品コード(CD)」と「商品名」の件数は等しくなり、また、「商品名」抜けもないことから、「商品コード(CD)」と「商品名」は1対1に対応していることが確認できます。

　同様に、「得意先コード(CD)」と「得意先名」の関係についても、ピボットテーブルを使用して調べてみると、いずれもブランクのセルはなく、関数を使った件数も「34」となり、1対1で対応していることが確認できます。

「商品コード(CD)」と「商品名」に関しては、単価の対応付けも確認する必要があります。ただし、「単価」に関しては、違う「商品」で同一価格という場合もあるので、件数だけで判別することができません。
　この場合、ブランクのセルがあるのか、ないのかと、適正な数値であるかを確認することによって判定することになります。

ピボットテーブルで、次のような操作を行います。

「販売単価」を[行]ボックスにドラッグします。

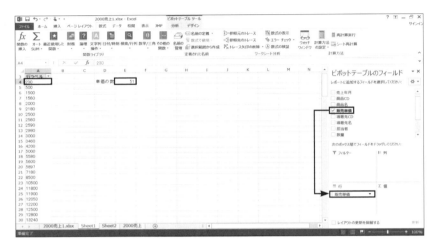

[行ラベル]の列に「単価」が表示されます。

「単価」の最小値は「230」、最大値は「189,700」となり、特に異常値は見られません。また、ブランクのセルも見られないので、「単価」は正常です。ただし、件数を調べたところ「51」だったので、「商品」の件数が「59」であることを考えると、同じ単価の「商品」があることが分かります。

④ 担当者

「担当者」については、抜けがないかと間違いがないかどうかをチェックします。

ピボットテーブルで、次のような操作を行います。

「担当者」を[行]ボックスにドラッグします。

行ラベル ▼
小森
松田
青島
池本
福本
総計

結果は、ブランクのセルもなく、担当者の正しい名前もあるので、問題はありません。

⑤ 数量

「数量」についても、今までと同様に、[行]ボックスにドラッグします。
　ピボットテーブルで、次のような操作を行います。

「数量」を[行]のボックスにドラッグします。

1回に注文できる数量は「1」〜「4」個までとなっているのに、「10」〜「40」は明らかに間違ったデータです。

2-2　データ分析の前準備（データチェックとクレンジング等）

元データは、本来はどのようなデータなのかを確認し、正しいデータにしていきます。

・削除すべきデータなのか
・変更すべきデータなのか
・正しいデータ(何らかの条件で特異な値になったデータ)なのか

今回は、どのような伝票で間違いが起こっているのかを確認するため、元データから間違った「数量」のある伝票を抽出して確認を行います。

この作業は、次のようにExcelのフィルターを使用します。

① 「数量」の項目(列)にフィルターを設定します。
② 間違ったデータ「10」〜「40」を表示します。

間違いがあったのは、「福本さん」の2月初めのデータであることが判明しました。

本来であれば、「福本さん」に確認をして、間違いの原因を見つけ、修正を行うことになります。

今回は、単位を間違えて「0」を付けていたことが原因だったので、「0」を取ることにします。

2-2-2 データチェックとクレンジングのポイント

　データチェックとデータクレンジングを行ってきましたが、ポイントをまとめると、次のようになります。

① 次のようなデータがないか、データの内容を確認しましょう。
　大量データの場合、目視では限界があるので、Excelのピボットテーブルを利用すると間違いを確実に見つけることができます。
　・データの抜け
　・データの重複
　・データ間の論理性
　・数値の異常

② データ確認で間違ったデータを発見したら、なぜそのようなデータができたのか原因を追究しましょう。

③ 原因がわかったら、次のいずれかの作業を行い、正しいデータにしていきましょう。
　・データの削除
　・データの修正
　・そのままにする

2-3
データの分析
（単純集計とカテゴライズ）

　前節では、課題として「売上向上」を設定し、その施策として「担当者」「商品」「得意先」「売上年月」のそれぞれで施策と仮説を立てました。仮説を検証するために、最初に行ったのがデータのチェックと異常データのクレンジングでした。このクレンジングされたデータを用いて、仮説を検証するための分析を行います。

　分析を行うにあたって、最初にデータの傾向を見るために「単純集計」を行います。今回は「売上向上」で「売上高」を分析する必要がありますが、データの項目には「売上高」がありません。そのため、分析を行う前に、データに「売上高」の項目を作り、「売上高」を入れておくことで処理が簡単になります。

　データはExcelに展開してあるので、最後の列を「売上高」とし、「単価」×「数量」の式を作り表中の「列」にコピーすると「売上高」の入った表が完成します。以降、この表を使用して分析を行います。

2-3-1 担当者別売上高

「担当者」に関する施策と仮説は、次の通りです。

施策：「売上高」の低い「担当者」の売上向上
仮説：「担当者」ごとの「売上高」に大きな違いがある

これを検証するためにExcelのピボットテーブルを使用して、「担当者別」の「売上高」を調べます。ピボットテーブルで、次のような操作を行います。

---

①「担当者」を[行]ボックスにドラッグします。
②「売上高」を[値]ボックスにドラッグします。

行ラベル ▾	合計 / 売上高
小森	369576649
松田	416278736
青島	285464590
池本	409256156
福本	420101169
総計	1900677300

　この表から、「青島さん」の売上が低いことが分かります。このように、単純集計で「担当者別売上高」の傾向をつかみ、次のステップへ移ります。
　この例では、なぜ「青島さん」が売れていないのかを分析し、対策を考えます。この分析については、次節で行います。

2-3-2 得意先別売上高

「得意先」に関する施策と仮説は次の通りです。

施策：「取引高」の低い「得意先」の取引高向上
仮説：「得意先」ごとに「売上高」に大きな違いがある

　これを検証するために、Excelのピボットテーブルを使用して、「得意先別」の「売上高」を調べます。

ピボットテーブルで、次のような操作を行います。

①「得意先名」を[行]ボックスにドラッグします。
②「売上高」を[値]ボックスにドラッグします。

行ラベル	合計 / 売上高
いろはに通信販売	63868291
こあら販売	20724579
サイトウ販売	60837540
さくら電気	84022187
スター広告社	55038682
つるた販売	52517999
マイゼミ販売センター	55499191
ミズホ株式会社	54315830

「得意先別」の「売上高」が表示されました。しかし、これでは傾向がつかみにくいので、「売上高」の行を昇順に並び替えます。

① [合計／売上高]の列で数値の入っているセルをクリックします。
② [データ]タブの[並べ替えとフィルター]グループの[並べ替え]の＜昇順＞ボタンをクリックします。

昇順に並べ替えられます。さらに見やすくするためにグラフ化すると次のようになります。

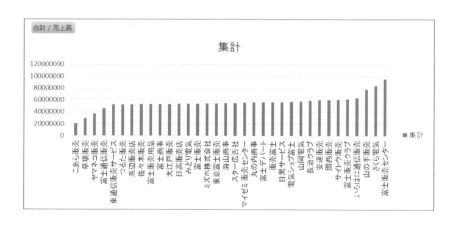

2 分析方法

このグラフから、上位3社と下位3社が明確に分かるようになります。次のステップとしては、上位3社と下位3社の「取引高分析」を行い、「売れる原因・売れない原因」を調べ、得意先対策を強化していきます。

2-3-3 月別売上高

「売上年月」に関する施策と仮説は、次の通りです。

> 施策：「売上高」の低い月の拡販
> 仮説：「売上高」の月変動が大きい

　これを検証するためExcelのピボットテーブルを使用して「月別」の「売上高」を調べます。ピボットテーブルで、次のような操作を行います。

> ①「売上年月」を[行]ボックスにドラッグします。
> ②「売上高」を[値]ボックスにドラッグします。

行ラベル ▾	合計 / 売上高
200001	156595623
200002	166161729
200003	127285247
200004	163599327
200005	162508308
200006	162349442
200007	159683337
200008	164383053
200009	164850131
200010	150089634
200011	159794930
200012	163376539
総計	1900677300

この結果から、明らかに3月の売上が他の月と比べて少ないことが分かります。3月の売上がなぜ少なくなったかが分かれば、売上向上につながる可能性があります。

2-3-4 商品別売上高 (カテゴリー化)

「商品」に関する施策と仮説は、次の通りです。

施策：「売れない商品」の拡販
仮説：「売れる商品」と「売れない商品」がある

　これを検証するためには、取扱商品点数も多いため、「得意先別売上高」と同じ方法で行います（ピボットテーブルで「商品別売上高」を表示し、降順に並べ替えます）。
　ピボットテーブルで、次のような操作を行います。

①「商品名」を[行]ボックスにドラッグします。
②「売上高」を[値]ボックスにドラッグします。
③「合計／売上高」の列で数値の入っているセルをクリックします。
④ [データ]タブの[並べ替えとフィルター]グループの[並べ替え]の＜降順＞ボタンをクリックします。

行ラベル	↓↑ 合計 / 売上高
FMGP-END	161624400
FMVPCSP/SE	135520000
FM-SMPC/50	127872000
FMV Desk	123352000
FM-XXXPPR	120450000
B-SHRINP	116909200
FM-CNZ	112128000
RED-AI	103578000
ABCパソコン	103148000
FM-VVZMASU	101480000
MOディスクドライブ モチャンバど	71094000

050　　**2　分析方法**

この結果から、「パソコン」関係が上位を占めていることが分かります。取扱商品全体では、「パソコン」関係以外の商品も多数あり、種類が同じ商品群の比較を行い、「売れ筋の商品群」を見極めることも重要です。

このように、ある意味をもったグループに集約することを「カテゴライズ（カテゴリー化）」といいます。

今回のデータでは、「商品CD」で「10000番台」が「パソコン本体」、「20000番台」が「周辺機器」、「30000〜40000番台」が「業務システム」、「50000〜60000番台」が「アプリケーション」、「70000〜90000番台」が「消耗品他」なので、この通りにカテゴリー化を行います。

商品コード	内容
10000番台	パソコン本体
20000番台	周辺機器
30000〜40000番台	業務システム
50000〜60000番台	アプリケーション
70000〜90000番台	消耗品他

カテゴリー化を行う主な方法としては次の2つの方法があります。

① ピボットテーブルの中で行う

① 「商品CD」を[行]ボックスにドラッグします。
② 行ラベルが表示されたら、[ピボットテーブルツール]の[分析]タブになっていることを確認し、[行ラベル]の「10001」から「10099」までを範囲指定します。
③ [グループ]の[グループの選択]をクリックします。
④ [行ラベル]の範囲選択をした上のセルに[グループ1]が表示されます。
（[行]ボックス内に[商品CD2]が表示されます）
⑤ [グループ1]が白く反転していることを確認後(反転していなければ[グループ1]をクリックします)、カテゴリー化された名前である「PC本体」と入力します。
⑥ 以下同様に、「20000番台」を「周辺機器」としてカテゴライズし、「90000番台」の「消耗品他」まで、同様の操作を行います。
⑦ その後は、分析を行いますが、グループ化された名前の左側にある＜＋＞、あるいは＜−＞ボタンを押すことにより、グループ化された商品の詳細表示の切り替えが行えます。

② Excel の関数を用いて行う

① 元データに「商品カテゴリー」（名前の指定はない）という列を作ります。
② 「商品CD」はC列なので、「商品カテゴリー」の列に次の式を入力し、最終行までコピーします。
=IF(C2<20000,"PC本体",IF(C2<30000,"周辺機器",IF(C2<50000, "業務システム",IF(C2<70000,"アプリケーション","消耗品他"))))
③ 「商品カテゴリー」の列に「PC本体」～「消耗品他」が入るので、その後はピボットテーブルを利用して分析を行います。

「商品CD」をカテゴリー化した後、カテゴリー別の「売上高」を調べます。
　ピボットテーブルで、次のような操作を行います。

① 「商品名」を[行]ボックス(最下位)にドラッグします。
② 「売上高」を[値]ボックスにドラッグします。

次のような表が表示されますので、カテゴリー名の<ー>ボタンをクリックします。

行ラベル	合計 / 売上高
⊟PC本体	
⊟10001	103148000
ABCパソコン	103148000
⊟10002	135520000
FMVPCSP/SE	135520000
⊟10003	127872000
FM-SMPC/50	127872000
⊟10004	112128000
FM-CNZ	112128000
⊟10005	120450000
FM-XXXPPR	120450000

すると、下図の表になり、カテゴリー別の合計値が表示されます。

行ラベル	合計 / 売上高
⊞PC本体	1206061600
⊞周辺機器	270150400
⊞業務システム	305589250
⊞アプリケーション	95480720
⊞消耗品他	23395330
総計	1900677300

2-3 データの分析（単純集計とカテゴライズ） 053

この結果から、「PC本体」の売上が全体の半分以上を占めていることが分かり、「PC本体」以外の売上強化が望まれます。しかし、「PC本体」以外でも、売れている商品があることも考えられるため、「商品別」の「売上高」を調べます。調べるにあたっては、カテゴリー名の＜＋＞ボタンをクリックし、「商品名」を表示させます。数値を読むよりも、グラフを見た方が分かりやすいので、グラフ化すると、次のようになります。

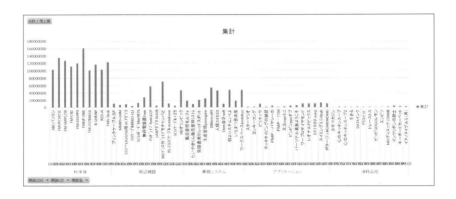

　グラフで確認すると明らかに、「周辺機器」や「業務システム」の中にも売れている商品があるので、それ以外の商品の売上強化が望まれます。
　今までは、「売上高」に注目してきましたが、「アプリケーション」や「消耗品他」の商品については、安価な量販品として大量に売る必要があります。そこで、どれくらいの「数量」を販売したのかを調べてみます。
　ピボットテーブルで、次のような操作を行います。

---
① フィールドの「売上高」のチェックを外します。
　（[値]ボックスの「売上高」が消えます）
② フィールドの「数量」を[値]ボックスにドラッグします。

次のような表に変わり、全体を見るとほとんどが800台の数値になっていることが分かります。この結果、安価な量販品販売に対する戦略の見直しが必要と思われます。

行ラベル	▼ 合計 / 数量
⊟PC本体	
⊟10001	856
ABCパソコン	856
⊟10002	880
FMVPCSP/SE	880
⊟10003	864
FM-SMPC/50	864
⊟10004	876
FM-CNZ	876
⊟10005	825
FM-XXXPPR	825
⊟10006	852
FMGP-END	852

　以上、「担当者別」「得意先別」「月別」「商品別」の売上高を単純集計してみましたが、課題と思われることが見いだされました。（次表参照）

項目	課題と思われる事象
担当者別売上	青島さんの売上が他の担当者と比べて低い
得意先別売上	上位3社と下位3社の差が大きい
月別売上	3月の売上が低い
商品別売上	PC本体以外の売上が低い（売上高の高いものもある）
商品別販売個数	安価な量販品の販売個数がPC本体等の高価な物と同じ

　課題と思われる事象は、次節でクロス集計を行い、課題かどうかを判断します。

2-3-5 単純集計のポイント

　以上、クレンジングしたデータを用いて単純集計を行ってきましたが、ポイントをまとめると次のようになります。

① 目的(今回は売上向上)にあった施策を考え、施策を実現できそうな項目を選定する。
② その項目の傾向を見る。
③ 傾向を見るため、グラフを利用することも考える。
④ 複雑な場合は、平均からどれだけ違うのかも考慮する。

2-4
クロス集計

　前節では、「担当者」「得意先」「商品」「売上年月」に対する売上高を調べ、課題と思われるものが見いだせました。この課題と思われることが本当に課題なのかを簡単に調べるためには、「クロス集計」が最適です。「担当者」では、「青島さん」の「売上高」が「他の担当者」と比べて低いということが分かりました。そこで、何がネックとなり売れないのかを調べます。次のような点を調べると良いでしょう。

・「得意先」で売上の少ない所があり、そこがネックなのか。
・「商品」で売れないものがあり、そこがネックなのか。
・あるいは、売れない月があり、そこがネックなのか。

　同様に、「得意先」「商品」「売上年月」に対しても同様のことを調べます。調べる組合せとしては、次の6つとなります。

・担当者・得意先
・担当者・商品
・担当者・売上年月
・得意先・商品
・得意先・売上年月
・商品・売上年月

　これらに対する「売上高」を調べることになります。このような2つの項目に対する集計のことを「クロス集計」といいます。

2-4　クロス集計　　057

2-4-1 担当者別・得意先別売上高

「担当者別・得意先別売上高」を調べるには、Excelのピボットテーブルを使用します。単純集計で使用したピボットテーブルを使用しても良いのですが、結果を消すことになるので、新しいピボットテーブルを作成して集計を行うことにします。この場合、最初にピボットテーブルを作成した時と同じ方法で行います。

---

① 分析するデータが表示されているExcelの表中のセルをクリックします。
② [挿入]タブをクリックします。
③ [テーブル]グループの[ピボットテーブル]をクリックします。
④ [ピボットテーブルの作成]ダイアログボックスが表示されますので、[新規ワークシート]にチェックが入っていることを確認後、<OK>ボタンをクリックします。
⑤ 新しいシートが作成され、ピボットテーブルの操作が可能になります。

ピボットテーブルの操作が可能になったら、次の操作を行います。

---

① 「担当者」を[列]ボックスにドラッグします。
② 「得意先名」を[行]ボックスにドラッグします。
③ 「売上高」を[値]ボックスにドラッグします。

結果として次の表が表示されます。

合計 / 売上高	列ラベル					
行ラベル	小森	松田	青島	池本	福本	総計
いろはに通信販売	14080954	11362045	11267875	14115072	13042345	63868291
こあら販売	5894957	3810500	3010870	3782242	4226010	20724579
サイトウ販売	12105021	13418136	8352194	15938668	11023521	60837540
さくら電気	19549248	19208819	9172554	18183639	17907927	84022187
スター広告社	11403783	11560189	7894957	12425070	11754683	55038682
つるた販売	7459450	11416196	7557374	13265185	12819794	52517999
マイゼミ 販売センター	11391811	12906648	6946014	11589040	12665678	55499191
ミズホ株式会社	8731059	15253433	9002454	12738502	8590382	54315830

表はそれほど大きくないので、「青島さん」の売上を調べると、ほとんどの「得意先」で最下位であることが分かりました。
　より分かりやすくするためにはグラフ化する必要があります。グラフ化するためには、次の操作を行います。

---

① タブに[ピボットテーブルツール]が表示されていることを確認後、[分析]タブをクリックします([ピボットテーブルツール]が表示されていない場合は、表中のセルをクリックすると表示されます)。
② [ツール]タブの[ピボットグラフ]をクリックします。
③ [グラフの挿入]ダイアログボックスが表示されますので、最適なグラフを選択します。
　今回は折れ線グラフが最適なので、[折れ線グラフ]をクリックします。
④ 折れ線グラフの種類を選択する画面に変わるので、最適なものを選択します。
　今回は、[マーカー付き折れ線]を選択します。

　次のグラフが表示され、「青島さん」がほとんどの「得意先」で最下位であることが分かります。

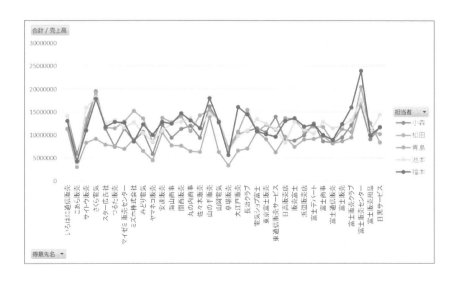

2-4　クロス集計　　059

ただし、「富士販売用品」だけは首位なので、どうして首位になったか
を調査することにより、思わぬ結果を生む可能性があります。

　他の「担当者」についても、「得意先」により「売上高」の順位が変わって
いることが分かります。「担当者」により1位になっている「得意先」は、
月別に見ても1位になっていることが分かり、「担当者」によって得意な
販売先があることが想像できます。なぜ、そのようになったのかを調査
すると、「担当者別」の得意分野(お付き合いしやすいお客様)が分かる可
能性があります。

　それが分かったら、「担当者」ごとにお客様を決め、ビジネスを行うこ
とで、売上向上につながる可能性があります。

2-4-2 担当者別・商品別売上高

「担当者別・商品別売上高」を調べることにより、「担当者」によって「売
りやすい商品」があるのかが判明します。もし、「担当者」によってそのよ
うな「商品」があるならば、なぜ売りやすいのかを聞き出し、他の「担当者」
でもそのようなことができないかを調査する必要があります。

　「担当者別・得意先別売上高」と同様にピボットテーブルを使用して分
析を行いますが、「商品」をカテゴリー化したので、カテゴリー別の集計
も行います。そのため、カテゴリー名の下に「商品名」を表示させるよう
にします。

　操作としては、次のようになります。

---

① [商品CD2]を[行]ボックスにドラッグします([商品CD2]は[商品CD]をカテ
　ゴライズした時に新しくできたフィールドです)。
② [商品名]を[行]ボックスの[商品CD2]の下にドラッグします。
③ [担当者]を[列]ボックスにドラッグします。
④ [売上高]を[値]ボックスにドラッグします。
⑤ カテゴリー名の下に商品名が表示されているので、カテゴリー名の左にある
　<ー>ボタンをクリックすると、カテゴリー別の売上高が表示されます(次表
　参照)。

合計／売上高	列ラベル					
行ラベル	小森	松田	青島	池本	福本	総計
⊞PC本体	232730400	264026100	184260100	256461000	268584000	1206061600
⊞周辺機器	52575900	59735400	40731200	56549000	60558900	270150400
⊞業務システム	60720900	67570400	43458700	69162700	64676550	305589250
⊞アプリケーション	18950579	19886616	13793060	22010886	20839579	95480720
⊞消耗品他	4598870	5060220	3221530	5072570	5442140	23395330
総計	369576649	416278736	285464590	409256156	420101169	1900677300

　この表から、「福本さん」が売上1位であることが分かりますが、2位の「松田さん」、3位の「池本さん」とはそれほど変わりません。4位の「小森さん」も少々低い程度ですが、5位の「青島さん」だけが他の4人と比べても相当低いようです。

　これを、もっと分かりやすくするために、総計に対する「割合」を示します(手順は次を参照)。

① [値]ボックスの[合計／売上高]右横の<▼>ボタンをクリックします。
② ポップアップメニューが表示されますので、一番下にある[値フィールドの設定(N)]をクリックします。

2-4　クロス集計　　061

③ [値フィールドの設定]ダイアログボックスが表示されますので、[計算の種類]
タブをクリックします。

④ [計算の種類(A)]に[計算なし]が表示されているので、右の＜∨＞ボタンをク
リックします。[計算なし]の下の[総計に対する比率]をクリックし、＜OK＞
ボタンをクリックします。

⑤ 各カテゴリー別の総計に対する割合の表が表示されます。

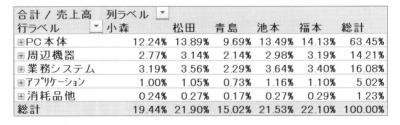

この表からも、「青島さん」が最下位で、他はそれほど差がないことが分かります。

「担当者別・得意先別売上高」と同様にグラフ化すると、次の図のようになります。

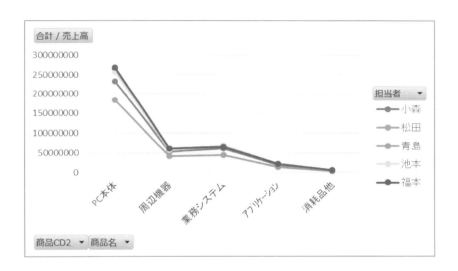

　カテゴリー別では、「青島さん」が全て最下位、「福本さん」は「業務システム」、「アプリケーション」以外が1位、「池本さん」は「業務システム」、「アプリケーション」で1位、「松田さん」は総合で2位、「小森さん」は全て4位となっていることが分かりました。この結果より、「担当者」による売りやすい分野があるという可能性が分かってきました。

　たとえば、「商品別」の「売上高」を調べ、「業務システム」では「池本さん」がほとんどの商品で1位であれば、「池本さん」は「業務システム」分野でのビジネスに何らかのノウハウを持っている可能性があります。そのノウハウが他の分野で応用できるという可能性があるかもしれません。

「担当者別」の「売上高」を調べるにあたり、すべての「商品別」に「売上高」を表示させグラフ化しても「PC本体」の「売上高」の影響を受け、それ以外の「売上高」の変化が分かり難くなります。そのため、各カテゴリー別にグラフ化することにします。

　この操作は、ピボットテーブルでも可能ですが、Excelとの融合が必要になることもあるため、今回は、ピボットテーブルの該当データをコピーし、それをピボットテーブル以外の領域に貼り付け、Excelのグラフ機能を使用してグラフ化します。

　実際にグラフ化したものを次に示します。

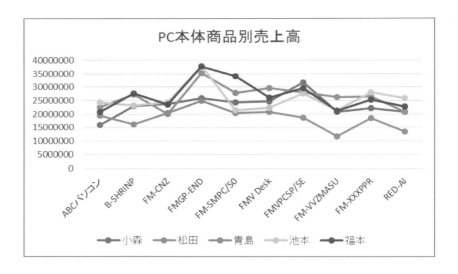

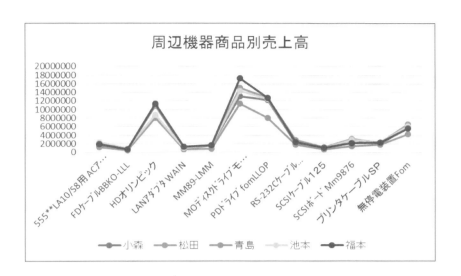

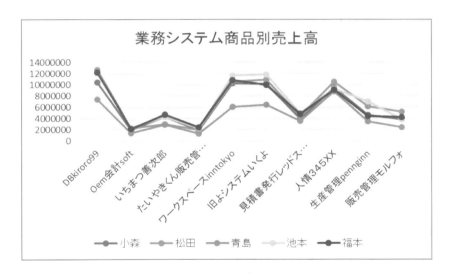

2-4 クロス集計　065

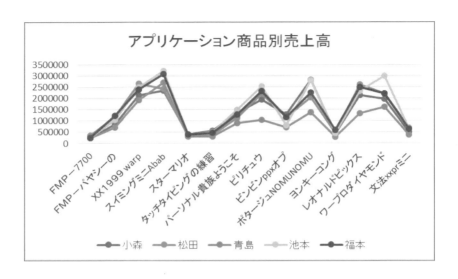

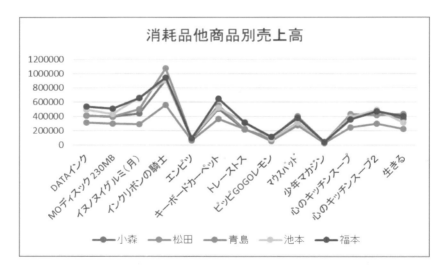

　「商品別」の「売上高」の傾向は、カテゴリー別と同じようです。どの分野でも同じ「担当者」が半数程度の「商品」で1位になっており、分野別ノウハウがあるように思えますが、2位とは僅差が多いことを考慮すると、分野別ノウハウに関してはもう少し調査が必要です。

　また、ある「担当者」が「特定の商品」で大きな売上を上げているといっ

たことがないので、「売りやすい商品」はないと思われます。

　ここまでは、「売上高」で分析してきましたが、「単価」の高いものは「売上高」も大きくなる可能性があります。そこで、各担当が各商品を何個売ったかを調べます。

---

　① [売上高]フィールドのチェックを外します。
　② [数量]フィールドにチェックを入れます(□をクリックします)。

合計 / 数量	列ラベル					
行ラベル	小森	松田	青島	池本	福本	総計
⊞PC本体	1676	1897	1321	1841	1917	8652
⊞周辺機器	2077	2302	1509	2311	2259	10458
⊞業務システム	1689	1870	1206	1940	1842	8547
⊞アプリケーション	2431	2567	1745	2692	2677	12112
⊞消耗品他	2191	2393	1553	2447	2584	11168
総計	10064	11029	7334	11231	11279	50937

　「青島さん」は「数量」で最下位であり、「福本さん」は1位です。しかし、カテゴリー別では、「単価」の低いものが「数量」も多いようですが、それほど差があるとは思えません。本来なら、「アプリケーション」や「消耗品」などは量販品としてもっと売れなければならないはずです。この原因についても考える必要があります。

2-4-3 担当者別・売上年月別売上高

　「月別」の「売上高」は、一般的にはボーナス月や年末・決算月に多くなる傾向があります。これは「担当者別」においても同様です。このような傾向がみられない場合、何らかの問題があると考えられ、この問題を解決することにより、売上向上につながる可能性があります。

今までと同様に、ピボットテーブルを使い「担当者別・月別売上高」の表を作成すると、次のようになります。

合計 / 売上高	列ラベル					
行ラベル	小森	松田	青島	池本	福本	総計
200001	31292980	37705877	23814384	29193918	34588464	156595623
200002	33913055	32463825	26910679	35742123	37132047	166161729
200003		32626535	23683426	33713540	37261746	127285247
200004	32917167	37216123	21710691	34277201	37478145	163599327
200005	32303719	36498813	24697548	35749357	33258871	162508308
200006	35559399	32682945	24941279	33612928	35552891	162349442
200007	29141922	34270423	25644631	34474911	36151450	159683337
200008	34440358	36808057	22724451	34617820	35792367	164383053
200009	33000007	36508610	22258648	34751322	38331544	164850131
200010	38649756	32962713	21299589	28708386	28469190	150089634
200011	35047516	34449071	23866895	36711867	29719581	159794930
200012	33310770	32085744	23912369	37702783	36364873	163376539
総計	369576649	416278736	285464590	409256156	420101169	1900677300

総計の3月の「売上高」が低くなっており、それ以外はあまり変動がありません。

分かりやすくするため、総計だけをグラフ化してみます。単純集計の時と同様に行ってもよいのですが、今回は、データをコピーしてピボットテーブル以外の領域に貼り付け、Excelのグラフ機能で次のようにグラフ化します。

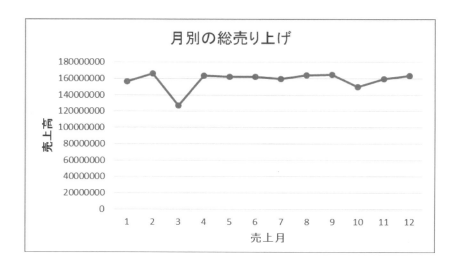

このように、3月以外はほとんど変動していないことが分かります。
　表を見ると、「小森さん」の3月のデータが空白になっており、これが原因で3月の売上が落ちています。「小森さん」の3月のデータに関しては、休暇だったのかデータの入力漏れなのかを調査する必要があります。もし、データの入力漏れだったなら、データを入力して今までと同じような分析を行う必要があります。

　次に、「担当者別・月別売上高」をグラフ化すると次のようになります。

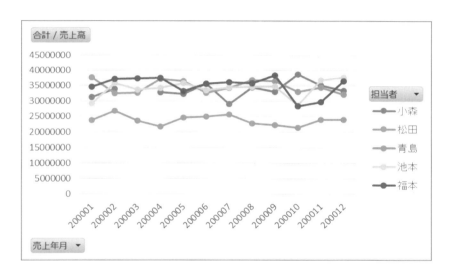

　グラフから、「小森さん」以外は10月に売上が落ち込み、「小森さん」は7月に売上の落ち込みがある点が気になります。特に10月は3月の次に落ち込んでいるので、なぜ落ち込んだかを考える必要があります。また、ボーナス月(6月・12月)にも売上が伸びていないので、これも考える必要があります。

2-4-4 得意先別・商品別売上高

「得意先」により「売りやすい商品」があるなら、その「商品」を専門に売る、あるいは重点的に売ってもらうような契約を得意先と締結すると、売上向上につながる可能性があります。また、多くの「販売店」で「売上高」が1位の「商品」があるなら、その「商品」を重点販売商品として販売戦略をたてるとよいでしょう。

このような傾向を調べるために、「得意先別・商品別売上高」について集計を行います。集計方法は、今までと同様に、ピボットテーブルを使います。結果が出たら、単純集計の時と同様に、「得意先別」の「売上高」の総計を昇順に並び替えを行います(総計の数値のあるセルを右クリックし、[並べ替え]>[昇順]とクリックします)。

結果として次の表が表示されます。

合計 / 売上高	列ラベル					
行ラベル	⊞PC本体	⊞周辺機器	⊞業務システム	⊞アプリケーション	⊞消耗品他	総計
こあら販売	12,493,000	3,638,100	2,898,550	1,461,499	233,430	20,724,579
草場販売	17,885,400	4,459,000	4,843,200	1,416,333	342,870	28,946,803
ヤマネコ販売	25,401,800	4,620,300	5,525,250	1,436,668	469,950	37,453,968
富士通信販売	25,966,800	7,803,300	8,243,100	2,737,199	761,760	45,512,159
束通信販売サービス	29,559,500	8,965,400	10,204,450	2,817,081	711,760	52,258,191
つるた販売	32,932,600	6,903,000	9,138,300	2,829,029	715,070	52,517,999
浜辺販売店	32,220,400	8,821,400	8,541,300	2,464,729	643,080	52,690,909
佐々木販売	34,768,200	6,374,500	8,183,750	2,750,453	787,150	52,864,053
富士販売用品	34,167,200	7,322,200	7,905,000	3,002,609	664,780	53,061,789
富士商事	32,157,500	8,663,400	9,036,200	2,568,341	666,880	53,092,321
大江戸販売	32,347,500	8,100,600	9,478,450	2,669,585	705,730	53,301,865
日高販売店	33,279,400	6,387,300	10,237,450	2,891,131	705,820	53,501,101

これをグラフ化すると、次のようになります。

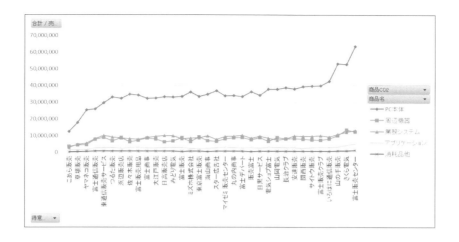

　すべての「得意先」において、「売上」の半分以上が「PC本体」で占められていることが分かります。また、単純集計で見られた上位3社と下位3社についても、「PC本体」の売上傾向に表れています。
「得意先」は、「PC本体」でビジネスをしているようなので、「PC本体」で「売れ筋商品」が特定できれば、拡販の施策を立てることが可能となります。「売れ筋商品」を特定するため、「PC本体」の商品ごとの各得意先における「売上高」を調べます。

　ピボットテーブルの表頭[PC本体]の左にある＜＋＞ボタンを押してもグラフ上に表示されますが、「周辺機器」や「業務システム」等が同時に表示され分かりにくいので、「担当者別・月別売上高」でも行った方法でグラフ化を行います（ピボットテーブル以外のセルにデータをコピーし、Excelのグラフ機能で表示します）。

　結果として、次のグラフが表示されます。

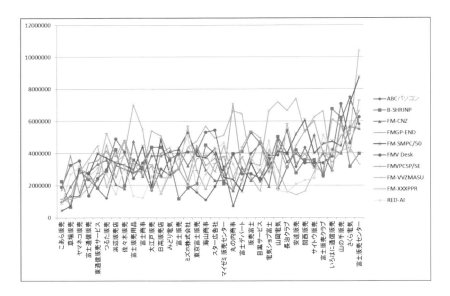

　ピボットテーブルより、総計では1位が「FMGP-END」で、14社で売上が1位となっています。「FMGP-END」は「売れ筋商品」のように思えますが、集計対象が34社なので、半数に満たっていません。このため、1位ではない「得意先」での評判を調査し、「売れ筋商品」かどうかの判断をした方が良いでしょう。

　他のカテゴリーにおいても総計1位の商品が、多くの「得意先」で売上1位となっています。特に、「周辺機器」のMOディスクドライブ「モチャンバド」、「消耗品他」の「インクリボンの騎士」は半数以上の得意先で1位となっており、「売れ筋商品」と思われますが、調査が必要です。

2-4-5 得意先別・月別売上高

　「得意先別」の「月別」の「売上高」を調べることにより、「売れる月には売れる商品をより多く販売してもらう」、あるいは「売れない月はなぜ売れないのか」を分析して売上向上につなげることができます。

　「得意先別・月別売上高」の集計も今までと同様、ピボットテーブルを使用して行います。

結果は、次のようになります。

合計 / 売上高	列ラベル												
行ラベル	200001	200002	200003	200004	200005	200006	200007	200008	200009	200010	200011	200012	総計
こあら販売										370,380	9,894,955	10,459,744	70,774,579
卓電販売	3,184,790	2,474,760	879,254	3,040,767	2,379,544	1,817,150	1,314,131	2,772,645	3,017,501	1,886,561	3,090,330	3,715,370	78,946,803
ヤマネコ販売	8,508,810	8,743,094	9,563,760	1,676,870							2,023,417	7,438,067	37,453,968
富士通信販売	4,096,768	2,535,116	7,833,470	5,096,154	3,682,994	5,718,984	5,015,509	3,455,174	4,185,491	3,179,760	2,893,905	3,439,384	45,512,159
車通信販売サービス	3,974,190	5,411,384	4,456,478	4,733,177	4,151,174	3,877,904	3,711,868	5,183,550	3,160,770	4,602,596	4,104,940	4,946,710	52,758,191
つるた販売	4,853,790	4,841,370	4,658,379	4,822,594	4,115,914	4,451,380	4,860,470	3,361,897	4,463,074	5,780,144	2,491,780	4,487,807	52,517,999
浜通販売	5,733,549	3,971,060	3,519,771	4,173,804	3,390,778	6,615,740	5,396,431	5,039,670	3,040,914	5,373,984	3,180,074	3,805,734	57,690,909
佐々木販売	4,671,690	3,413,310	5,739,657	5,009,314	6,775,104	5,013,734	4,037,471	2,856,387	3,588,730	4,737,051	3,870,405	4,651,531	57,864,053
富士販売用品	3,870,787	5,181,488	3,885,939	5,550,074	3,317,788	3,087,030	3,806,171	4,607,440	2,919,990	6,550,744	4,337,474	4,997,364	53,061,789
富士販売車	4,757,370	4,817,175	3,156,174	4,734,477	4,924,767	5,750,460	3,311,401	3,397,764	5,751,660	7,925,010	6,250,107	5,316,461	53,097,371
大工戸販売	3,704,934	4,458,411	4,767,767	4,536,780	3,706,984	5,414,950	5,715,387	4,770,310	7,809,090	6,107,744	4,589,464	3,735,674	53,301,865
日高販売店	3,395,697	4,385,890	3,303,888	3,673,890	4,031,477	4,700,915	4,831,575	5,594,604	6,556,857	7,754,960	5,610,738	3,727,610	53,501,101
みどり電気	4,606,750	5,385,895	3,477,390	5,274,871	5,565,010	5,036,040	3,509,310	4,657,601	7,647,605	7,810,708	4,016,790	6,634,495	53,570,915
富士販売	5,181,447	4,405,141	3,151,480	4,309,898	4,456,788	4,190,710	3,173,380	6,764,674	4,377,670	4,119,470	5,710,450	3,880,795	53,711,653

　この結果より、「得意先」によりデータのない月があることが分かりました。売上下位3社の内の2社「こあら販売」、「ヤマネコ販売」が該当します。データの入力漏れなのか、新規取引、あるいは取引中止なのか等の調査が必要です。

「こあら販売」が、10月からの新規取引だとすると、11月・12月の売上が得意先内で上位を占めているので、来年からの売上に期待が持てます。

　また「ヤマネコ販売」については、データの抜けだとすると、6ヶ月分の売上を加味した年間の「売上」は上位になる可能性があります。データの抜けではなく、取引中止だとすると、その理由を明確にし、再発防止策を立てることにより売上向上に結び付くと思われます。

　データのない月がある「得意先別」は、これ以外にも4社あり、その内2社は上位3社です。これらは、売上向上のため調査が必要です。

「得意先別」全般に関して、売れる月・売れない月の傾向があるかを調べるため、1月〜12月の売上を「得意先別」にグラフ化してみます（横軸を「月」・縦軸を「売上高」とし、「得意先別」に折れ線グラフにします）。

　上記ピボットテーブルをそのままグラフ化すると、横軸が「得意先」になるので、「表頭」と「表側」を入れ替えてグラフ化を行います。

次のような操作を行います。

① 現在のピボットテーブルでグラフを作成します。
   ([ピボットテーブルツール]→[分析]タブ→[ツール]グループの＜ピボットグラフ＞ボタン→＜折れ線＞ボタン→＜マーカー付き折れ線＞ボタン→＜OK＞ボタンをクリックします)
② 表示されたグラフをクリックすると、[ピボットグラフツール]が表示されますので、その中の[デザイン]タブをクリックします。
③ [データ]グループの＜行/列の切り替え＞ボタンをクリックすると次のテーブルに変更され、グラフも次のように変更されます。

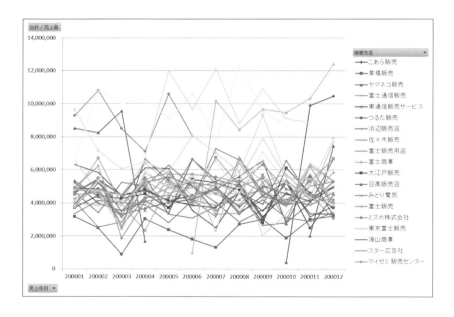

このグラフからは、多くの「得意先」で、3月の売上が落ち込んでいるこ

とが分かります。これは、「小森さん」の3月の「売上」が計上されていないためであると思われます。また、「得意先」により、売上のピークや底はまちまちで、月による増減の変動が大きいようです。このグラフからは、これらの情報が読み取りにくいので、グラフの「得意先名」のフィルター機能を使い、5社程度に分けて表示させると読み取りやすくなります。

　操作方法は、次の通りです。

---
① グラフ内の「得意先名」横の<▼>ボタンをクリックします。
② ダイアログボックスが表示されますので、「(すべてを選択)」のチェックを外します。
③ 得意先名に付いていたチェックがすべて外れますので、売上を見たい得意先名をクリックし、<OK>ボタンをクリックします。

　この操作で、任意に6社を選択し、表示させると、次のようになります。
　3月の売上が落ちており、各社増減の変動が激しいことが分かります。

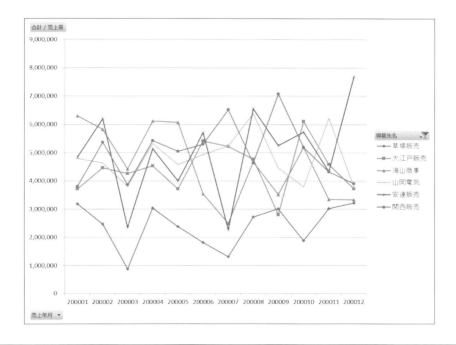

2-4　クロス集計

2-4-6 商品別・月別売上高

　時期により売れる商品が分かると、売上向上につながりやすくなります。特に年末商戦やボーナス商戦と呼ばれる時期に「売れ筋商品」が分かると良いです。今回のデータでも、そのような傾向があるのかを調べてみます。今までと同様、ピボットテーブルを使って集計します。結果は次のようになります。

合計 / 売上高 行ラベル	PC本体	周辺機器	業務システム	アプリケーション	消耗品他	総計
200001	98418900	21555100	26388950	8230603	2002070	156595623
200002	105357300	23830300	26651000	8236089	2087040	166161729
200003	80992400	18305800	19909150	6537837	1540060	127285247
200004	103670900	23622400	26060200	8157057	2088770	163599327
200005	103686500	22717200	25914900	8309158	1880550	162508308
200006	105060200	22055700	25505100	7769402	1959040	162349442
200007	101047300	23279000	25227150	8134307	1995580	159683337
200008	105306700	22346000	26817100	7953033	1960220	164383053
200009	104661600	24161200	25848500	8174361	2004470	164850131
200010	93459600	22092300	25111800	7533114	1892820	150089634
200011	100983600	22833400	25689400	8294240	1994290	159794930
200012	103416600	23352000	26466000	8151519	1990420	163376539
総計	1206061600	270150400	305589250	95480720	23395330	1900677300

　これをグラフ化すると次のようになります。

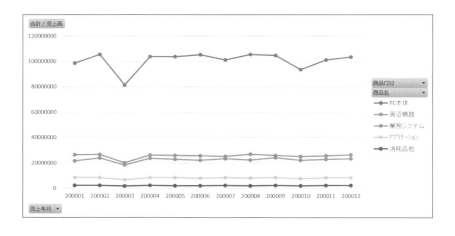

カテゴリー別では、3月に売上がすべてで低くなっています。これは「小森さん」の売上の影響と思われます。それ以外は季節による変動はあまり見られません。商品別に調べると「PC本体」は次のようになります。
　今回は、ピボットグラフのフィルター機能を使いグラフ化します。
　操作方法は、次の通りです。

---

① グラフの[商品CD2]横の＜▼＞ボタンをクリックします。
② ダイアログボックスが表示されますので、[(すべてを選択)]のチェックを外します。
③ カテゴリー名に付いていたチェックがすべて外れるので、[PC本体]にチェックを入れ、＜OK＞ボタンをクリックします。
④ グラフが「PC本体」だけの売上に変わるとともに、ピボットテーブルも「PC本体」だけの表に変わります。
⑤ ピボットテーブルの表頭[PC本体]の＜＋＞ボタンをクリックします。
⑥ テーブルは、「PC本体」の商品別・月別に変わり、同時にグラフも変わります。

　結果は次の通りです。

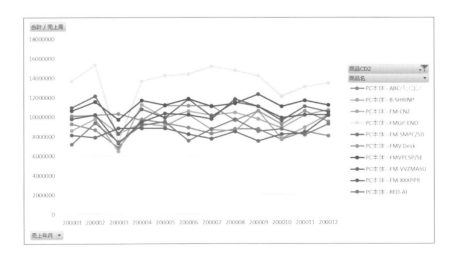

2-4　クロス集計　　077

「PC本体」以外についても、同様に操作してグラフ化すると次のようになります。

これらを見ると、全てのカテゴリーのほとんどの月で1位の売上を上げる「商品」があります。一見「売れ筋商品」のように見えますが、集計を「売上高」から「個数」に変更すると、他の商品と売れている「個数」はあまり変わらないことが分かります。このため、「売れ筋商品」とは言えません。また、季節による変動は「商品」でも見られません。

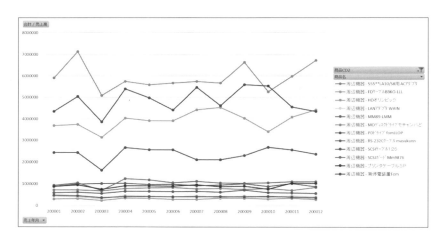

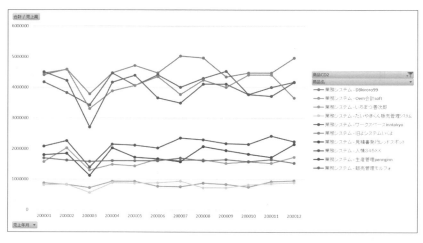

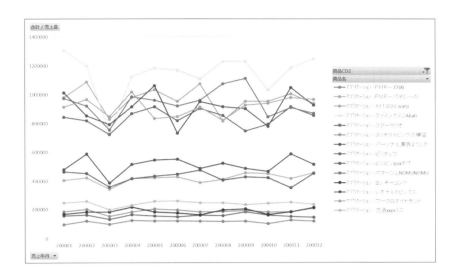

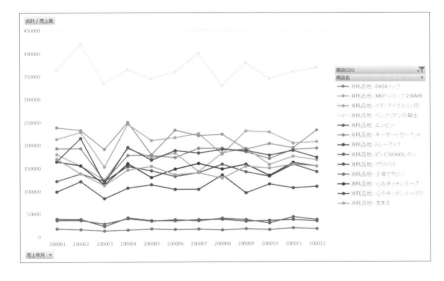

2-4 クロス集計

今まで見てきた通り、あまり傾向が見られないようなので、ピボットテーブルに「得意先名」と「担当者」をフィルターとして追加し、「得意先別担当者別の月別売上高」を調査します。

　操作方法は、次の通りです。

---

① 「担当者」と「得意先名」qを［フィルター］ボックスにドラッグします。
② ピボットテーブルの上にある［担当者］と［得意先名］のフィルターから目的のものを選択します。
③ ピボットテーブルに結果が反映されます。

　たとえば、「福本さん」の「いろはに通信販売」の「月別・商品別売上高」は次の通りです。

| 合計 / 売上高 | 列ラベル | | | | | |
行ラベル	⊞PC本体	⊞周辺機器	⊞業務システム	⊞アプリケーション	⊞消耗品他	総計
200001	272000	62000		44911	20900	399811
200002	1069400	37500		39440	6500	1152840
200003	810000	291600	174000	79520	7960	1363080
200004	354000	413100	324600	71720	31500	1194920
200005	635400	490000	208150	5580	8920	1348050
200006	264800	37500	307800	36150	10500	656750
200007	876000	71100			13480	960580
200008	734000	144300	61900	120404	20940	1081544
200009	1502300	43200	22500	28080	10000	1606080
200010	308000		75000	12800	22360	418160
200011	1164000	429000	185900	56670	5920	1841490
200012	732400	141200	124900	12540	8000	1019040
総計	8722300	2160500	1484750	507815	166980	13042345

　カテゴリー別に売れていない月があります。しかし、全体ではそのような月はないので、誰か他の人が売っていることになります。「商品別」では、もっと顕著にそれが現れています（次表参照）。

合計 / 売上高	列ラベル							
	⊞PC本体	⊟周辺機器						
行ラベル		555**LA10/S8用	ACアダプタ	FDケーブル	BBKO-LLL	HDオリンピック	LANアダプタ WAIN	MM89-LMM
200001	272000							17000
200002	1069400							
200003	810000					56000		
200004	354000					224000	5600	
200005	635400		42000					
200006	264800							
200007	876000		21000	12600				
200008	734000		31500					
200009	1502300			12600				
200010	308000							
200011	1164000							
200012	732400			4200		112000		
総計	8722300		94500	29400		392000	5600	17000

　以上、クロス集計による分析を行ってきましたが、各クロス集計で推察されたことをまとめると、次のようになります。

集計方法	推察事項
担当者・得意先別	「青島さん」がほとんどの得意先で最下位(1ヵ所だけ1位がある) 他の担当者も1位の得意先がある 　→担当者により得意な得意先がある可能性有
担当者・商品別	「担当者」により売りやすい商品がある可能性有 　→個数による集計では大差なし(売りやすい商品はない)
担当者・売上年月別	3月の「小森さん」のデータがない 　→総計などへの影響有 上記以外、あまり変化なし
得意先・商品別	「PC本体」の売上が半分以上 売上の高い商品もある 　→個数を考えると売れ筋商品ではない
得意先・売上年月別	データのない月がある 　→総計などへの影響有 月別の増減の変動が大きい
商品・売上年月別	各カテゴリー別商品で1位の物がある 　→個数を考えると売れ筋ではない 「担当者別・得意先別」で集計すると、データのない所がある 　→他の担当者が販売している

　この結果を踏まえて、売上拡大を目指すには、次の施策が必要です。

①売上の低い担当者への対策を行う。
②担当者ごとに担当得意先を決め、得意先戦略を立てて販売する。
③売りやすい商品を見極め、販売戦略を立てる。
④売上が伸びると思われる時期を見極め、販売する。

2-4-7 クロス集計のポイント

・関連項目すべての組合せで集計を行う。
・場合によっては、フィルターを使い細かな集計を行う。
　（傾向が見えない場合や特異な傾向がある場合など）
・すべての組み合わせを行うのは不可能な場合がある。
　　→軸項目を見つけそれでクロス集計を行う
　　→差異の大きいものが成果として出やすい

Chapter 3

ビッグデータの分析

　前章では、23,000件弱のデータを用いて、実際に分析を行いました。この程度のデータ量であれば、それほどパソコンに負荷がかからず、スムーズに処理を進めることができました。しかし、もっと大量なデータでは、負荷がかかり過ぎ処理が相当遅くなることが想定されます。

　本章では、実際のID-POSデータ（菓子の売上データ6ヶ月分、83万件）を、Excelで分析し、大量データの分析方法を示します。本来ならば、もっと多くのデータを扱いたいところですが、Excelが取り扱えるデータ量が最大1,048,576行という制限があるため、このデータを使います。全商品を対象とした2年分のデータで分析するような場合は、Excelではなく別のツールを使用する必要がありますが、ここで行う手法は、その場合でも適用することができます。

3-1　目的の設定
3-2　データクレンジング
3-3　確定データによる分析
3-4　再カテゴリー化
3-5　多重クロス集計

3-1

目的の設定

今回扱うデータは、スーパーマーケットのID-POSデータの内、4店舗・6ヶ月分のお菓子のデータです。スーパーマーケットは競争が激しく、いかに自分のスーパーマーケットにお客様を呼び込むかが、大きな課題となっています。この課題を解決する策の一つとして「お客様の好む商品をそろえる」ことが考えられます。

今回のデータから、この方策を実現するためには、お客様にどのような商品が買われているかを分析することが必要です。

この分析を行う前に、今回のデータには、どのような項目があるのかを示します。

項目名	意味
売上KEY	レシート番号に相当
店舗CD	店舗ごとに振られた番号(今回は4店舗)
商品KEY	商品に割り当てられた番号
利用日	商品を買上げた日(今回は2013年7月1日〜 2013年12月31日)
利用曜日	商品を買上げた曜日(1〜7：1が日曜日)
利用時刻	商品を買上げた時刻
カード番号	会員が持っているカードの番号
会員区分	0：非会員　1:会員
税抜金額	税抜きの買上げ金額
税込金額	税込みの買上げ金額
点数	買上げた商品の数
利益	買上げた時の利益
生年月日	会員で生年月日を登録してある人のみ記入
商品名	商品KEYに対応した商品名(部門名4に対応：複数有り)
部門名1	嗜好食品固定
部門名2	菓子固定
部門名3	菓子の分類
部門名4	部門名3の分類

これらの項目から、どのような商品がお客様に買われているのか、「売れ筋商品」の分析が可能です。このため目的を「売れ筋商品の選定」とし、分析してみます。

3-2

データクレンジング

3-2-1 データのクレンジング

　前章でも行いましたが、最初にデータの抜けや異常データを見つけ、データの修正や削除を行います。前章では、ピボットテーブルを使用して行いましたが、今回はExcelのフィルター機能を使用して行います。

　各項目にフィルターを設定し、設定したフィルターを開くと、その項目に存在する値がすべて表示されます。項目がブランクだった場合は、表示される値の最後に「空白セル」という名前で表示されます。

「空白セル」という名前が表示されなければ、その項目でのデータの抜けはありません。ただし、異常データかどうかは値を見てみなければ判断できません。

　今回のID-POSデータを用いてフィルターの機能を実行する方法は次の通りです。

---

① ID-POSデータをExcel上に展開し、[データ]タブをクリックします。
② 場所はどこでもよいので、表内のセルをクリックします。
③ [並べ替えとフィルター]グループの<フィルター>ボタンをクリックします。
④ 表頭の各項目欄のセルの右下に<▼>ボタンが表示されますので、調べたい
　　項目の<▼>ボタンをクリックします。

　次図では、「利用曜日」の<▼>ボタンをクリックしたので、曜日に対応する「1」～「7」までの値が表示されています。すべてのデータの利用曜日には、「1」～「7」までのいずれかの数字が入力されていることがわかります。

　なお、表示される値は昇順で並べられるので、最初と最後の値を確認すると値の信頼度が確認できます。

3-2　データクレンジング　085

各項目に対しフィルターを使用して信頼度を調べた結果は次の通りです。

列名	項目名	内容(値)	信頼度
A	売上KEY	20130701000040000100121 〜 20130705000041000600421	問題なし
B	店舗CD	40、41、45、46	問題なし
C	商品KEY	49 〜 113431	商品KEYの数と商品名の数が一致すると問題なし
D	利用日	20130701 〜 20131231(連続で日付順)	問題なし
E	利用曜日	1、2、3、4、5、6、7	問題なし
F	利用時刻	114452 〜 114927（不連続で57種類）	異常値(使用できない)
G	カード番号	0,2900010074184 〜 2900013557585	問題なし
H	会員区分	0、1	問題なし
I	税抜金額	-6349 〜 16286	問題なし
J	税込金額	-6656 〜 17100	問題なし
K	点数	-63 〜 450	問題なし
L	利益	空白セル	データ抜け(項目自体不要)
M	生年月日	19030101 〜 20050101、空白セル	一部虚偽の可能性あり
N	商品名	11栗原さんちのまろにが抹茶85g+5g 〜 萬藤粉未寒天4g×5	商品KEYの数と商品名の数が一致すると問題なし
O	部門名1	嗜好食品	問題なし
P	部門名2	菓子	問題なし
Q	部門名3	アイスクリーム〜冷凍菓子	問題なし
R	部門名4	アイスクリーム他〜和風半・生菓子	問題なし

この内、「商品名」と「商品KEY」に関しては、1対1に対応していれば問題がないので、ピボットテーブルを使用して検証します。
　Excel上に展開されたID-POSデータより、ピボットテーブルを作成し、最初に「商品KEY」を[行]ボックスへドラッグします。すると、次図のような表が表示されます。

　ここで、[行ラベル]に表示されている「商品KEY」の数を数えます。このときは、[行ラベル]以外の行のセルで「COUNT関数」を使って数を数えます(行番号から計算しても同じ結果が得られます)。結果、「4,672個」あることがわかります。

次にピボットテーブルのフィールドで、「商品名」を[商品KEY]の下にドラッグします。すると次図のような表に変化します。

　この時、先程計算した「COUNT関数」の値が変化します。これは、「各商品KEY」の下に対応する「商品名」が表示されることにより、[行ラベル]の範囲が先程の倍になったためです。今回の範囲に合わせ、数値の入っているセル（COUNT関数）、数字も含めた文字の入っているセル（COUNTA関数）、ブランクのセル（COUNTBLANK関数）のそれぞれを計算した結果、数値のセルは「4,672個」、文字の入っているセルは「9,344個」、ブランクのセルは「0個」となりました。これらから「商品KEY」は「4,672個」、「商品名」は「9,344-4,672=4,672個」あり、ブランクのセルがないことから「商品名」は「商品KEY」と1対1で対応していることが分かります。

　以上で今回のデータには問題がないことが分かりました。

3-2-2 加工データの作成

年齢

　データの中に「生年月日」の項目がありますが、「生年月日」での分析よりも「年齢」による分析の方が一般的です（「何年生まれの人が何を好んで買うか」と「何歳の人が何を好んで買うか」の違い）。このため、「年齢」については分析を行う前に「生年月日」から「年齢」を計算して作成しておいた方が分析しやすくなります。このように、分析しやすいように計算を行って作成されたデータを「加工データ」といいます。

　今回は、「加工データ」として「年齢」を作成します。最初に表頭の項目に「年齢」を追加し、「生年月日」より計算して「年齢」を求めます。求める「年齢」については、データ発生時の「年齢（一般的：今回のデータでは、商品を購入した時の年齢）」や分析を行う時点での「年齢」などがありますが、分析の目的に沿った「年齢」を計算することが大切です。

　今回は、「年齢」による「嗜好品」の違いなどを分析したいので、データ発生時の「年齢（商品購入時の年齢）」が適切です。

　具体的には次のように行います。

---

① M列［生年月日］とN列［商品名］の間に列を挿入し、項目名を「年齢」とします（「年齢」がN列となります）。
② セル「N2」に次の数式を挿入します。
　「=IF((D2-M2)/10000>200," ",INT((D2-M2)/10000))」
　（D列は、「利用日（購入日）」）
③ セル「N2」をコピーし、最後の行まで貼り付けます。

　以上で、加工データ（年齢）が作成できました。なお、数式で作成されたデータは、そのままで分析に使用すると誤った集計を行う可能性があるので、作成したデータ全てを指定してコピーした後、［貼り付け］オプションの［値］で貼り付ける必要があります。貼り付ける場所については、作成したデータの隣に1列挿入する形が良いでしょう。

3-2 データクレンジング

今回は、購入者の年齢構成なども分析するので、今回作成した「年齢」以外に、ある時点（12月31日）での「年齢」も作成します。基本的には、上記1～3、および作成データの「値」化を行うことになります。ただし、数式の「D2」が「20131231」となります。

単価

今回の目的には入っていませんが、「その商品がいくらで売れたか」、「年代別にいくらくらいの商品を購入したか」など分析することも「売れ筋商品」の分析につながります。このため、各商品の「単価」も必要になります。これを求めるには「年齢」と同様に、「単価」の項目を作成し、「金額」を「点数」で割って求めます。「金額」については、税抜・税込どちらでも良いですが、今回は税抜を使用します。

具体的には次のように行います。

---

① L列［利益］とK列［点数］の間に列を挿入し、項目名を「単価」とします（「単価」がL列となります）。
② セル［L2］に次の数式を挿入します。
   =ROUND(I2/ABS(K2),1)
③ セル「L2」をコピーし、最後の行まで貼り付けます。

以上で加工データ（単価）が作成できました。作成された「単価」に関しても、「年齢」と同様作成データの「値」化を行う必要があります。

3-3

確定データによる分析

「年齢」・「単価」の加工データを加えたものを使用して、当初の目的に沿った分析を行います。当初の目的は、「売れ筋商品の選定」ですが、データの各項目から目的を達成すると思われる項目を選定し、分析を行います。

3-3-1 売れ筋商品

「売れ筋商品」では、どの商品が売れているかを分析しますが、「個数」と「売上金額」とも上位の商品が売れ筋です。この分析だけならばピボットテーブルを使用して簡単にできます。しかし、これは全体の結果であり、実際に販売している店舗ごとの「売れ筋商品」の方が重要です。また、季節により「売れ筋商品」が違ってくる可能性もあります。たとえば、夏季にはアイスクリームが売れることが想定できます。

以上より、「売れ筋商品」の分析として最初に次の分析を行います。

① 全体の上位20品目(個数と売上高)
② 各店舗の上位20品目
③ 全体の上位20品目の月別の推移

分析を行う前に、加工データを加えたデータ全体について、各項目の意味も含めて示します。

列名	項目名	内容(意味)
A	売上KEY	レシート番号に相当。商品を複数購入した場合は、購入商品ごとに同じ売上KEYとなる。(全体で833,359件)
B	店舗CD	店舗ごとにつけられるコード。今回は4店舗。
C	商品KEY	商品に対応したコード。
D	利用日	商品購入日。2013年7月1日〜2013年12月31日
E	利用曜日	商品購入曜日。1は日曜日。以降順番で7は土曜日。
F	利用時刻	商品購入時間。今回は間違ったデータ。(使用不可)
G	カード番号	会員のカード番号。0は未会員。
H	会員区分	0は未会員。1は会員。
I	税抜金額	購入商品の税抜きの金額。マイナスの場合は返品。
J	税込金額	購入商品の税込の金額。マイナスの場合は返品。
K	点数	購入商品の個数。マイナスの場合は返品。
L	単価(式)	税抜価格を点数の絶対値で割る式(単価も返品の場合はマイナス)。
M	単価	単価(式)をコピーし、値で貼り付けたもの。(分析ではこれを使用)
N	利益	未使用。(使用不可)
O	生年月日	会員で生年月日を登録している人の生年月日。未登録者有り。
P	年齢式1	=IF((D2-O2)/10000>200," ",INT((D2-O2)/10000))
Q	購入年齢	購入時の年齢。会員の生年月日によっては2つの年齢がある。
R	年齢式2	=IF((20131231-O2)/10000>200," ",INT((20131231-O2)/10000))
S	12月年齢	12月31日現在の会員の年齢。
T	商品名	商品個々の名前。商品KEYと1対1に対応。
U	部門名1	嗜好食品(固定)
V	部門名2	菓子(固定)
W	部門名3	アイスクリーム〜冷凍菓子
X	部門名4	アイスクリーム他〜和風半・生菓子

▌全体の上位20品目

　これを求めるには、まず「T列」の「商品名」を売れた「個数」で集計する場合は、「K列」の「点数」で集計し、販売額で集計する場合は「I列」の「税抜金額」、あるいは「J列」の「税込金額」で集計することになります。ただし、集計する時はいずれも「データの個数」ではなく「合計」で集計します。「データの個数」で集計したときは、「A列」の「売上KEY(商品ごとのレシート)」の個数となり、目的の集計とは異なる値になります。

具体的には、次のような操作を行います(個数の場合)。

---

① データのある表内の1ヵ所をクリックし、[挿入]タブの[テーブル]グループの[ピボットテーブル]をクリックします。
② [ピボットテーブルの作成]ダイアログボックスが表示されますので、[ピボットテーブルを配置する場所を選択してください。]が「新規ワークシート」になっていることを確認後、<OK>ボタンをクリックします。
③ 新しいワークシートが表示され、右側に[ピボットテーブルのフィールド]が表示されますので、次の操作を行います。

(1) 「商品名」を[行]ボックスにドラッグします。
(2) 「点数」を[Σ値]ボックスにドラッグします。
　　商品ごとのレシートの枚数が表示されます。確認のため、表の最終行を確認すると「総計　833,359」となり、データ件数と一致します。これは、購入された「商品数」とは明らかに違います。
④ 購入された「商品数」にするには、[Σ値]ボックスの[データの個数]を[合計]に変更する必要があります。
　このため次のいずれかの操作を行います。

- [Σ値]ボックスの[データの個数／点数]の右にある<▼>ボタンをクリックすると表示されるプルダウンメニューから、下部にある[値フィールドの設定(N)]をクリックします。

- ピボットテーブル上の[データの個数／点数]の行を右クリックすると表示されるプルダウンメニューから、下部にある[値フィールドの設定(N)]をクリックします。すると、[値フィールドの設定]ダイアログボックスが表示されますので、[集計方法]タブから、[合計]をクリックすると値が変更されます。

⑤ 以上で商品ごとの「売上点数」が分かりましたが、売上上位が何であるかは分かりません。これを分析するには、「点数」を降順に並べ替える必要があります。このためには、次の操作を行います。
　(1) ピボットテーブル上の[データの個数／点数]の行を右クリックすると表示されるプルダウンメニューから、中部にある[並べ替え]をクリックします。

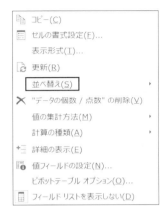

　(2) 次のプルダウンメニューが表示されますので、その中の[降順]をクリックします。

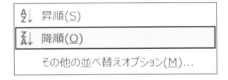

　以上で、次図のような売上上位の商品が分かります。

各店舗の上位20品目

　店舗別の売上上位の商品を分析するには、前節の**全体の上位20品目**で求めたピボットテーブルを利用すると簡単に行えます。

　具体的には、次のような操作を行います。

---

① [ピボットテーブルのフィールド]を表示します。
②「店舗CD」を[列]ボックスへドラックします。

　次図のような店舗別の売上が分かります。ただし、総計で降順になっているので、店舗別には降順となっていません。店舗別に降順にするには、店舗別のデータのあるセルを右クリックし、後は前節の**全体の上位20品目**と同様の方法で行います。

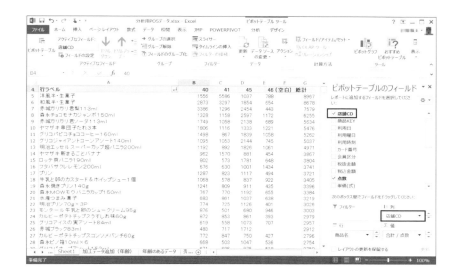

この表から、次のことが分かります。

・各店舗により上位20品目が順位も含め変わる。
・総計で1位の「洋風半・生菓子」の半分以上は「店舗41」で売られた。
・各店舗の総計では、最終行の総計より「店舗46」が他の店舗の6割程度しか売っていない。

実際にどのようになっているのか、あるいはどうしてそうなったのかを分析してみます。

・各店舗及び全体の売上上位20品目
　この分析を行うにあたっては、「点数」だけでなく「売上高（税抜で行う）」でも調べ、「売れ筋商品」を分析します。
　「売上高」については、[税抜金額]を[Σ値]ボックスにドラッグすることで得られます。「点数」で得られた上位20品目と「税抜金額」で得られた上位20品目を並べ、同じ名前の品目があれば「売れ筋商品」と思われます。
　結果を次に示します（グレーのセルが該当）。

3-3 確定データによる分析　　097

【全体】

行ラベル	合計 / 点数	行ラベル	合計 / 税抜金額
洋風半・生菓子	8,967	和風半・生菓子	1,065,466
和風半・生菓子	8,678	洋風半・生菓子	1,046,094
赤城ガリガリ君梨113ml	7,579	水産つまみ菓子	552,632
森永チョコモナカジャンボ150ml	6,255	井村屋BOXあずきバー 65ml×6	534,249
赤城ガリガリ君ソーダ113ml	5,634	森永チョコモナカジャンボ150ml	508,997
ヤマザキ串団子たれ3本	5,476	ヤマザキ串団子たれ3本	493,024
グリコパピコチョココーヒー 160ml	5,262	プリン	443,250
グリコジャイアントコーンアソート140ml	5,037	グリコパピコチョココーヒー 160ml	435,561
明治エッセルスーパーカップ超バニラ200ml	4,971	明治エッセルスーパーカップ超バニラ200ml	417,795
ヤマザキ新まるごとバナナ	3,867	グリコジャイアントコーンアソート140ml	410,070
ロッテ爽バニラ190ml	3,804	ヤマザキ新まるごとバナナ	398,458
フタバサクレレモン200ml	3,741	森永パルムチョコバー 55ml×6	396,013
プリン	3,721	亀田製菓亀田の柿の種6袋230g	365,406
牛乳と卵のカスタード&ホイップシュー 1個	3,405	ヨーロピアンシュガーコーンバニラ56ml×5	357,128
森永焼きプリン140g	3,396	赤城ガリガリ君ソーダ65ml×7	335,696
森永MOWモウバニラカップ150ml	3,384	スナック	326,276
水産つまみ菓子	3,219	赤城ガリガリ君梨113ml	315,018
明治プリン70g×3P	3,026	ロッテ爽バニラ190ml	306,642
モンテール牛乳と卵のシュークリーム95g	3,003	牛乳と卵のカスタード&ホイップシュー 1個	303,425
カルビーポテトチップスうすしお味60g	2,979	ロッテハーシーチョコレートバー 385ml	293,884

【店舗40】

行ラベル	合計 / 点数	行ラベル	合計 / 税抜金額
赤城ガリガリ君梨113ml	3,386	和風半・生菓子	363,514
和風半・生菓子	2,873	洋風半・生菓子	253,035
ヤマザキ串団子たれ3本	1,806	ゼリー	208,415
赤城ガリガリ君ソーダ113ml	1,749	スナック	164,042
チロルチョコきなこもち袋9個	1,695	チロルチョコきなこもち袋9個	161,256
ゼリー	1,600	ヤマザキ串団子たれ3本	159,374
洋風半・生菓子	1,556	プリン	155,205
グリコパピコチョココーヒー 160ml	1,498	赤城ガリガリ君梨113ml	141,261
森永チョコモナカジャンボ150ml	1,328	井村屋BOXあずきバー 65ml×6	135,496
プリン	1,287	森永パルムチョコバー 55ml×6	129,553
森永焼きプリン140g	1,241	グリコパピコチョココーヒー 160ml	123,020
明治エッセルスーパーカップ超バニラ200ml	1,192	水産つまみ菓子	113,479
グリコジャイアントコーンアソート140ml	1,095	亀田製菓亀田の柿の種6袋230g	109,835
牛乳と卵のカスタード&ホイップシュー 1個	1,068	森永チョコモナカジャンボ150ml	109,608
スナック	1,015	ヤマザキ新まるごとバナナ	107,340
ヤマザキ新まるごとバナナ	962	森永焼きプリン140g	105,605
菓道わさびのり太郎1枚	944	明治エッセルスーパーカップ超バニラ200ml	101,637
モンテール牛乳と卵のシュークリーム95g	876	牛乳と卵のカスタード&ホイップシュー 1個	97,997
カルビーポテトチップスうすしお味60g	872	赤城ガリガリ君ソーダ65ml×7	96,081
ロッテ爽バニラ190ml	802	チョコレート	91,579

【店舗41】

行ラベル	合計 / 点数	行ラベル	合計 / 税抜金額
洋風半・生菓子	5,586	洋風半・生菓子	614,728
和風半・生菓子	3,297	和風半・生菓子	348,429
ロッテハーシー DXモカC140ml	2,231	ヤマザキ新まるごとバナナ	160,328
ヤマザキ新まるごとバナナ	1,570	ロッテハーシー DXモカC140ml	134,374
赤城ガリガリ君梨113ml	1,296	水産つまみ菓子	133,306
メイトープレミアムホームランバークッキー 90ml	1,193	スナック	126,544
森永チョコモナカジャンボ150ml	1,158	ヤマザキ串団子たれ3本	99,528
ヤマザキ串団子たれ3本	1,116	プリン	98,991
赤城ガリガリ君ソーダ113ml	1,058	森永チョコモナカジャンボ150ml	96,896
グリコジャイアントコーンアソート140ml	1,053	グリコジャイアントコーンアソート140ml	88,445
明治エッセルスーパーカップ超バニラ200ml	892	亀田製菓亀田の柿の種6袋230g	86,235
クリートくらし満足フレンチクルーラー 7個	874	ヨーロピアンシュガーコーンバニラ56ml×5	85,751
グリコパピコチョココーヒー 160ml	867	カルビーじゃがりこサラダ60g	85,297
水産つまみ菓子	861	井村屋BOXあずきバー 65ml×6	82,394
ロッテマルシェスタンダード113ml	860	明治うずまきソフトチョコ420ml	80,529
カルビーポテトチップスうすしお味60g	853	明治エッセルスーパーカップ超バニラ200ml	75,553
カルビーポテトチップスコンソメパンチ60g	847	オハヨーこんがりバニラプリン70g×4P	75,464
カルビーじゃがりこサラダ60g	841	グリコパピコチョココーヒー 160ml	73,355
プリン	823	たらみくだもの屋さんみかんゼリー 160g	71,816
森永焼きプリン140g	809	メイトープレミアムホームランバークッキー 90ml	71,557

【店舗45】

行ラベル	合計 / 点数	行ラベル	合計 / 税抜金額
森永チョコモナカジャンボ150ml	2,597	和風半・生菓子	239,744
赤城ガリガリ君梨113ml	2,454	井村屋BOXあずきバー65ml× 6	210,149
グリコジャイアントコーンアソート140ml	2,144	森永チョコモナカジャンボ150ml	206,283
赤城ガリガリ君ソーダ113ml	2,138	水産つまみ菓子	202,667
和風半・生菓子	1,854	グリコジャイアントコーンアソート140ml	169,989
グリコパピコチョココーヒー160ml	1,839	明治エッセルスーパーカップ超バニラ200ml	150,111
明治エッセルスーパーカップ超バニラ200ml	1,826	グリコパピコチョココーヒー 160ml	149,422
ロッテ爽バニラ190ml	1,781	ヨーロピアンシュガーコーンバニラ56ml× 5	143,831
赤城ブラック83ml	1,712	プリン	139,450
ヤマザキ串団子たれ3本	1,333	ロッテ爽バニラ190ml	136,617
森永MOWモウバニラカップ150ml	1,192	ヤマザキ串団子たれ3本	123,349
グリコガリガリ君リッチいちごゼリー110ml	1,164	赤城ガリガリ君ソーダ65ml X7	123,010
明治プリン70g× 3P	1,126	赤城ガツン、とみかん60ml× 5	121,636
プリン	1,117	グリコバニラティエ87ml× 6	111,724
明治チョコレートアイスクリームバー90ml	1,107	プレシア4つに切れてるフルーツロール	111,660
グリコアイスの実アソート84ml	1,073	森永パルムチョコバー55ml× 6	110,197
井村屋BOXあずきバー65ml× 6	1,066	明治うずまきソフトチョコ420ml	109,356
森永ピノ箱10ml× 6	1,047	ロッテハーシーチョコレートバー385ml	109,305
洋風半・生菓子	1,037	明治プリン70g× 3P	102,701
水産つまみ菓子	1,037	洋風半・生菓子	102,385

【店舗46】

行ラベル	合計 / 点数	行ラベル	合計 / 税抜金額
フタバサクレレモン200ml	1,434	和風半・生菓子	113,779
ヤマザキ串団子たれ3本	1,221	ヤマザキ串団子たれ3本	110,773
森永チョコモナカジャンボ150ml	1,172	井村屋BOXあずきバー65ml×6	106,210
明治エッセルスーパーカップ超バニラ200ml	1,061	水産つまみ菓子	103,180
グリコパピコチョココーヒー160ml	1,058	フタバサクレレモン200ml	96,981
モンテール牛乳と卵のシュークリーム95g	946	森永チョコモナカジャンボ150ml	96,210
牛乳と卵のカスタード&ホイップシュー1個	922	明治エッセルスーパーカップ超バニラ200ml	90,494
ロッテしらゆきれん乳ホワイト150ml	791	森永パルムチョコバー55ml×6	90,138
洋風半・生菓子	788	グリコパピコチョココーヒー160ml	89,764
グリコジャイアントコーンアソート140ml	745	亀田製菓亀田の柿の種6袋230g	86,995
グリコアイスの実アソート84ml	707	牛乳と卵のカスタード&ホイップシュー1個	80,067
赤城ガリガリ君ソーダ113ml	689	洋風半・生菓子	75,946
カルビーじゃがりこサラダ60g	656	モンテール牛乳と卵のシュークリーム95g	75,349
森永MOWモウバニラカップ150ml	655	モンテールとろ生カステラ5個	73,487
和風半・生菓子	654	明治エッセルマルチバニラ90ml×6	72,766
ロッテ爽バニラ190ml	648	ドンレミー9層仕立てのミルクレープ1個	63,326
水産つまみ菓子	638	カルビーじゃがりこサラダ60g	62,796
ロッテマルシェスタンダード113ml	634	赤城ガリガリ君ソーダ65ml×7	62,257
ロッテしらゆきいちごフロート150ml	615	グリコジャイアントコーンアソート140ml	61,931
ロピアプチフルーツプリン1個	602	亀田製菓亀田の柿の種6袋210g	59,358

・「店舗41」で「洋風半・生菓子」の半分以上を売っている理由

　全体的な傾向としては、「洋風・和風」を含め「半生菓子」が上位を占めますが、「アイスクリーム系」も上位を占めています。特に、「店舗45」では、「点数」・「売上高」ともにベスト10の半分以上が「アイスクリーム系」です。

　「店舗41」では、「洋風・和風」も含め「半生菓子」がベスト10に4品目入っています。「店舗40」は「店舗41」と同じような傾向ですが、「アイスクリーム系」の割合が少ないようです。また、「店舗46」は「店舗45」同様「アイスクリーム系」の割合が多いですが、「店舗45」ほどではなく、「半・生菓子類」も多いようです。

このように、店舗により「売れ筋商品」が違うのは、その店舗のある地域特性の可能性があります。「店舗41」で「洋風生・半菓子」を半分以上売っているのも、この可能性があります。特に商品の場合、商品を買うお客様（購入者）の嗜好が影響するので、嗜好に影響を与える要因を考えて分析する必要があります。

　一般的に、「年をとると肉より魚が好まれる」といったように、嗜好に影響を与える要因としては、年齢が考えられます。以降、「年齢によって好まれるお菓子に違いがある」と仮説を立て分析を行います。この分析については、年齢を何種類かでカテゴライズする必要があるため、「3-4 再カテゴリー化」で行います。

・各店舗の総計では、「店舗46」が他の店舗の6割程度しか売っていない

　売れない要因としては、内的要因と外的要因があります。内的要因としては、「販売員が少ない」「サービス・対応が悪い」「店舗が小さい」「宣伝が少ない」等々があり、これらは、今回のデータからは分析できません。

　外的要因としては、「地域の人口が少ない」「工業地域でお菓子を買う人が少ない」等々の地域特性があります。

　今回は、「他店と比べ会員数が6割ほど少ない」という仮説をたて、分析します。この分析も会員に関する分析を行う「3-4 再カテゴリー化」で行います。

3-3　確定データによる分析　　101

全体の上位20品目の月別の推移

　全体の上位20品目で作成したピボットテーブルを利用し、次の操作を行います。

---

① ピボットテーブルのフィールドを表示し、「利用日」を[列]ボックスへドラッグします。
② [列ラベル]の下に[20130701（2013年7月1日）]が表示され、右に次の日が表示され、最終の[20131231]まで表示されます（最後は「総計」で各商品の合計が表示されます）。
③ [20130701]のセルから[20130731]のセルまでを範囲指定します（最初のセル[20130701]のセルをクリックし、[Shift]キーを押しながら[→]キーを押すとグレーの部分（範囲）が右に移動するので、最後の[20130731]まで移動したら、キーを押すのをやめます）。
④ [ピボットテーブルツール]の[分析]タブ⇒[グループ]の[グループの選択]をクリックします。
⑤ [行ラベル]の下に、[グループ1]が表示されますので、[グループ1]をクリックし、「7月」と入力し、[Enter]キーを押します。
⑥ 「7月」の右に＜ー＞ボタンが表示されていますので、そのボタンをクリックします。すると7月分の合計が表示されます。

　この①〜⑥までの操作を12月まで繰り返すと求めるものが得られます（次図参照）。

合計 / 点数	列ラベル							
行ラベル	⊞7月	⊞8月	⊞9月	⊞10月	⊞11月	⊞12月	⊟（空白）（空白）	総計
洋風半・生菓子	1782	2261	1306	1032	1169	1417		8967
和風半・生菓子	2202	1710	1337	1526	1320	583		8678
赤城ガリガリ君梨113ml	3404	2957	892	228	98			7579
森永チョコモナカジャンボ150ml	1447	1477	1231	831	622	647		6255
赤城ガリガリ君ソーダ113ml	1839	2252	892	300	193	158		5634
ヤマザキ串団子たれ3本	1030	1001	1013	929	827	676		5476
グリコパピコチョコ160ml	1341	1624	1076	550	352	319		5262
グリコジャイアントコーンアソート140ml	1193	1214	955	630	535	510		5037
明治エッセルスーパーカップ超バニラ200ml	1242	1430	972	512	406	409		4971
ヤマザキ薄まることバナナ	458	688	500	862	181	1178		3867
ロッテ爽バニラ190ml	1123	916	767	535	310	153		3804
フタバサクレモン200ml	996	1379	725	294	158	189		3741
プリン	1108	1186	652	299	280	196		3721
牛乳と卵のカスタード＆ホイップシュー1個	644	577	600	557	539	488		3405
森永焼きプリン140g	1110	780	442	393	341	330		3396
森永MOWモウバニラカップ150ml	987	925	571	362	240	299		3384
水産つまみ菓子	610	374	498	584	583	570		3219
明治プリン70g×3P	511	525	513	533	442	502		3026
モンテール牛乳と卵のシュークリーム95g	537	534	479	496	463	494		3003
カルビーポテトチップスうすしお味60g	454	642	428	402	317	736		2979

3　ビッグデータの分析

合計 / 税抜金額	列ラベル						
行ラベル	7月	8月	9月	10月	11月	12月	総計
和風洋・生菓子	314,287	225,572	150,715	121,297	140,179	113,416	1,065,466
洋風洋・生菓子	168,194	207,074	115,204	115,220	142,218	285,184	1,046,094
水産つまみ菓子	105,498	63,532	88,202	90,837	97,810	106,753	552,632
井村屋BOXあずきバー65ml×6	148,606	185,437	114,078	47,877	19,770	18,481	534,249
森永チョコモナカジャンボ150ml	119,206	120,677	99,892	67,466	50,252	51,504	508,997
ヤマザキ串田子たれ3本	93,653	89,676	90,040	82,936	73,854	62,865	493,024
プリン	121,500	124,976	80,806	41,225	43,968	30,775	443,250
グリコパピコチョコヒー160ml	111,674	136,104	87,977	46,230	28,437	25,139	435,561
明治エッセルスーパーカップ超バニラ200ml	104,694	121,302	80,124	43,043	34,023	34,609	417,795
グリコジャイアントコーンアソート140ml	97,753	99,889	76,862	51,012	43,428	41,126	410,070
ヤマザキ新まるごとバナナ	46,790	70,499	51,541	89,416	21,395	118,817	398,458
森永バルムチョコ65ml×6	83,302	93,246	51,167	56,469	32,591	39,226	396,013
亀田製菓亀田の柿の種6袋230g	76,232	92,471	71,235	64,115	1,512	39,841	365,406
ヨーロピアンシュガーコーンバニラ66ml×6	64,994	96,338	87,571	55,689	23,808	28,728	357,128
赤城ガリガリ君ソーダ65ml×7	108,264	105,151	74,741	23,041	15,157	9,302	335,696
スナック	53,086	33,767	112,087	69,104	29,849	28,383	326,276
赤城ガリガリ君梨113ml	142,941	122,486	36,290	9,293	4,008		315,018
ロッテ爽バニラ190ml	88,176	76,104	62,403	43,801	23,982	12,176	306,642
牛乳と卵のカスタード＆ホイップシュー1個	56,094	51,010	53,788	50,023	48,516	43,994	303,425
ロッテハーシーチョコレートバー385ml	39,920	89,585	40,749	21,903	49,554	52,173	293,884

　この表からも明らかなように、「アイスクリーム系」に関しては、7月・8月の「販売個数」や「売上」が多く、それ以降は少なくなる傾向があります。

　「全体（総計）」にも同様な傾向がありますが、12月に盛り返しています。これは、クリスマスや年末商戦などの12月のイベントが原因と考えられます。

　なお、詳細の分析に関しては、商品のカテゴリー化とも関連するので、「3-4 再カテゴリー化」で行います。

3-3-2 販売価格

　「販売価格」は、「売上」や「販売個数」とも密接に関連します。しかし、流通業界では、この「販売価格」はいろいろな背景が絡み、単純には決められません。そのため、今回は、傾向を見るだけにします。

　操作は次の通りです。なお、今回は新規のピボットテーブルに作成しますが、ピボットテーブルを新たに作成する部分は、本節の最初に説明したので省略します。

① [ピボットテーブルのフィールド]の「商品名」を[行]ボックスへドラッグします。
② 「単価」を[行]ボックスにある[商品名]の下にドラッグします。
③ [ピボットテーブルのフィールド]の「点数」を[Σ値]ボックスにドラッグします。
④ 「点数」は「売上KEY」の個数(データの数)で、一つの「売上KEY」で複数個の購入もあるので、これを合計にする必要があります。
　これには、[データの個数／点数]の列の中のどれか一つのセルを右クリック、あるいは、[Σ値]ボックスの[データの個数／点数]の<▼>ボタンをクリックして表示されるプルダウンメニューから[値フィールドの設定(N)]選択します。
⑤ [値フィールドの設定]ダイアログボックスが表示されますので、[集計方法]タブの[合計]を選択し、<OK>ボタンをクリックします。

　以上の操作により、各商品の「販売単価」と単価に対応した「販売点数」が表示されます(次図参照)。

行ラベル ▼	合計 / 点数
⊟11 栗原さんちのまろにが抹茶85g＋5g	364
−112.5	−6
−112	−2
−94	−1
47	3
70	1
94	132
94.3	18
94.5	62
95	2
100	11
112	77
112.3	12
112.4	5
112.5	42
113	8
⊟13 栗原さんおすそわけきなこきなこ85＋5g	66
94	36
94.3	16
94.5	10
131	2
131.5	2
⊟2層仕立てのブリッツ＜アップル＆カスタード＞40g	168
56	18

104　**3　ビッグデータの分析**

表を分析すると、次の傾向があることが分かります。

・多くを販売している価格帯が存在する。
・安く販売するものがある。（見切り品などと思われる）

また、「曜日」による販売の違いを見るため、今の表に「曜日」を加えたクロス集計を行います。この表を作成するためには、現在の[ピボットテーブルのフィールド]の[利用曜日]を[列]ボックスにドラックします。結果、下表が表示されます。

合計 / 点数		列ラベル							
行ラベル		1	2	3	4	5	6	7	総計
=11 栗原さんちのまろにが抹茶85g+5g		35	35	103	60	43	52	36	364
-112.5				-4	-2				-6
-112				-2					-2
-94				-1					-1
47							3		3
70							1		1
94		6	8	52	28	14	13	11	132
94.3			3	6	3	3	3		18
94.5		8	2	22	22	6		2	62
95				1			1		2
100		1	1	1		2	4	2	11
112		14	14	16	2	11	9	11	77
112.3			3				3	6	12
112.4						5			5
112.5		4	2	12	4	4	12	4	42
113		2	2		1		1	2	8
=13 栗原さんおすそわけきなこきなこ85+5g		6	5	25	13	9	6	2	66
94		1		13	10	7	4	1	36
94.3		3		10	3				16
94.5		2	2	2		2	2		10
131			1					1	2
131.5			2						2
=2 層仕立てのブリッツ＜アップル＆カスタード＞40g		34	24	36	22	28	17	7	168
56		4	3	2	2	4	2	1	18
64.7				3	3				6
64.8				5					5
65		28	18	18	11	12			87
78					2	3			5
90				4	1	1	3		9
94				2		3	2	1	8
94.5							4		4
112		2	3	1	3	3	6	3	21
112.5								2	2
113							1		1
総計		219484	116243	148500	126401	110939	111177	140223	972967

総計からは、「曜日1」が一番多く、次に「曜日3」、「曜日7」と続きます。「曜日1」は「日曜日」で、「曜日7」は「土曜日」なので、「土曜日曜」に多く売れていると思われます。

個別でも、多く売れている価格では、同じような傾向があります。

3-3 確定データによる分析 105

3-4

再カテゴリー化

3-4-1 会員データの抽出

　前節で、「店舗」により売れる商品に違いがあるので、地域特性として「年齢」を考え、「年齢によって好まれるお菓子に違いがある」との仮説を立て、検証することにしました。また、「店舗46」が他の店舗と比べ6割ほど売上が低くなっているのも、地域特性として住民人口を考え、「店舗46」は他店と比べ会員数が6割ほど少ない」との仮説を立てました。

　これを検証するためには、「年齢」や「人数」が確認できる「会員のデータ」を利用する必要があります。元データを利用して分析することも可能ですが、操作が煩雑になることや処理速度も遅くなることが考えられるため、会員だけを抽出し分析します。

　会員を抽出するためには、次の操作を行います。

---

① 元データを開き、[データ]タブの[並べ替えとフィルター]グループの[フィルター]をクリックすると、表頭の各項目に<▼>ボタンが表示されます。

② G列[カード番号]の<▼>ボタンをクリックするとプルダウンメニューが表示されます。下部の方は、実際のカード番号が全て表示されますが、カード番号のないデータは「0」が表示されています。「0」は最初に表示されているので、「0」のチェックを外し、<OK>ボタンをクリックします。

③ 以上で、会員だけが抽出されました。これを、別ファイルにするために、抽出されたデータの範囲を指定し、これをコピーします。
　範囲指定には最初に、[A1]をクリックし[Ctrl]キーを押しながら、[Shift]キーを押し、更に[→]キーを押すと一番右側に移動します。次に同じく[Ctrl]キー、[Shift]キー、[↓]キーを押すと、最下部に移動し、全ての範囲を指定できます。

④ 新しいブックを開き、コピーしたものをここに貼り付けます。

作成した会員データをもとに、次の分折を行います。

・会員の基本情報（会員数・年齢構成等）
・店舗別会員情報
・年齢別商品別売上高

3-4-2 会員基本情報

「会員基本情報」として、会員数・会員の中で「生年月日」を登録している「会員数」と「年齢別の会員数」を求めます。

会員数

「会員数」は、「会員カード」の枚数と同じなので、G列の「カード番号」を使用し、次の操作で求めます。

① 新規のピボットテーブルを作成し、[ピボットテーブルのフィールド]の[カード番号]を[行]ボックスへドラッグします。
② 表示された「カード番号」の数が「カード枚数（＝会員数）」となります。
「枚数」を求めるには「カード番号」が入っているセルの「最終行番号」から[行ラベル]が表示されている「行番号(3)」を引くと求められます。
これ以外にも、「COUNT関数」を使用しても求めることができます。
実際に求めると、
「23982（カード番号が入っているセルの最終行番号）－3=23979」
となります。

年齢登録会員数

「年齢登録会員数」は、「年齢別」に「カード番号」を並べ、それを数えることにより求めます。現状のピボットテーブルの機能だけでは難しいので、次の操作を行います。ピボットテーブルは、「会員数」を求めたものを使います。

3-4　再カテゴリー化　107

① [ピボットテーブルのフィールド]の「12月年齢」を[行]ボックスの[カード番号]の上にドラッグします。

② セル「C列(C3)」に「仮年齢」という項目を作り、次の式をセル「C4」に入力します。

=IF(A4=" ",0,IF(A4<200,A4,C3))

(この式で、「カード番号」がどの年齢に対応しているのかを表示します。たとえば、最初のカード番号「2900013161027」は8歳のものなので、「8」と表示されます)

③ 入力した式をコピーし、データのある最後の行まで貼り付けます。

カード番号に対応した年齢が表示されます。

このカード番号に対応した年齢の個数が、その年齢の人数になります。

④ 「仮年齢」が表示されているセル「C3」をクリックし、ピボットテーブルを作成します。ただし、今回は「新規ワークシート」ではなく「既存のワークシート」に作成するので、[既存のワークシート]にチェックを入れ、[場所]テキストボックスの右にある<ボタン>をクリックします。

[ピボットテーブルの作成]ダイアログボックスが表示されますので、テーブルを作成する最初のセル(今回はセル「E3」)をクリックし、ダイアログボックスを閉じます。そうすると、最初の[ピボットテーブルの作成]ダイアログボックスが表示されるので<OK>ボタンをクリックします。

⑤ [ピボットテーブルのフィールド]が表示されますので、「仮年齢」を[行]ボックスへドラッグします。

次に[ピボットのフィールド]にある同じ「仮年齢」を[Σ値]ボックスへドラッグします。その際、[合計／仮年齢]と表示されたら、右にある<▼>ボタン、あるいは、[合計／仮年齢]の列(F列)内のデータを右クリックし、プルダウンメニューから[値フィールドの設定(N)]を選択し、[合計]を[データの個数]に変更する必要があります。

次図のような表が表示されます。

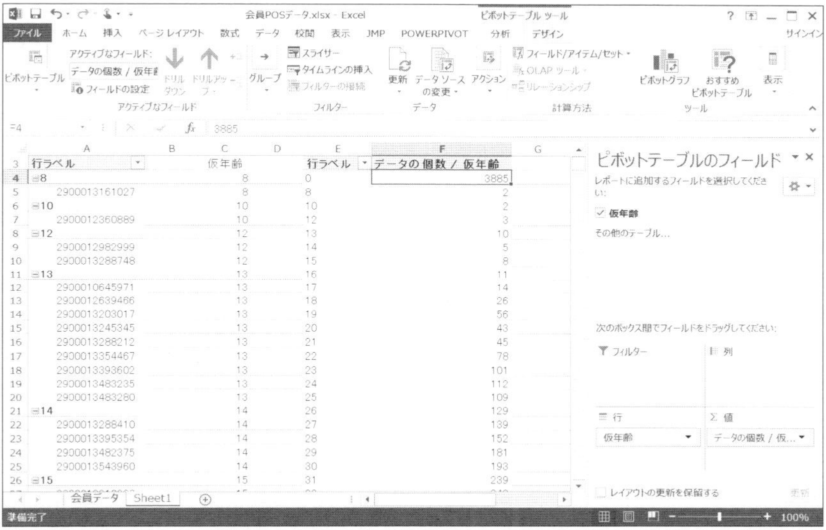

　この表のF列[データの個数／仮年齢]が各数字の個数を表わしています。数字の個数には、年齢に対応した「カード番号」の数以外に、その「年齢」を表した数字の個数(1個)が含まれているので、各数字から「1」を引いた値が年齢に対応した「カード番号」の数、すなわち「カード枚数＝会員数」となります。ただし、「0」に関しては、「総計」の「0」も含まれるので、「2」を引く必要があります(A列の最終行を参照)。

　各年齢の人数を求め、その後操作を行う必要があるので、別の表を作成します。表は仮の人数が表示されているピボットテーブルをコピーし別の列へ貼り付け、[行ラベル]は「年齢」、[データの個数／仮年齢]は「仮人数」とします。更に次の列を、[人数式]として、その年齢の人数を求めるための式を入力し、次の列を、[人数]として、式で求められた値を数値化します。

　操作した結果、会員数は「23,979人」で、その内生年月日を登録していない会員は「3,883人」、生年月日登録会員は「20,096人」でした。

会員の年齢特性

「生年月日登録会員でどの年代の会員が多いのか」や「平均年齢」を分析します。分析を行うために、「生年月日」の登録のない「3,883人」と総計を除いた、「年齢」と「人数」の表を作成します。この表からピボットテーブルを作成し、グラフ化することにより人数の多い年代を視覚的に確認できます。

操作方法は、次の通りです。

① H列[年齢]とK列[人数]の内、必要部分をコピーし、M列・N列に貼り付けます。
② 表内をクリックし、[挿入]タブ⇒[グラフ]グループの[ピボットグラフ]⇒[ピボットグラフ]をクリックします。
③ [ピボットグラフの作成]ダイアログボックスが表示されますので、[既存のワークシート(E)]にチェックを入れ、[場所(L)]のボタンをクリックします。
(ピボットテーブルを作成する場所を指定するので、新規のワークシートで作成したい場合は、[新規のワークシート]にチェックを入れます。また、最初に、元の表の範囲が示されますので、範囲が違う場合は修正する必要があります)
④ [ピボットテーブルの作成]ダイアログボックスが表示されますので、セル「P3」をクリック後、ウインドウを閉じます(「x」をクリックします)。
⑤ 再度[ピボットテーブルの作成]ダイアログボックスが表示されますので、＜OK＞ボタンをクリックします。
⑥ [ピボットグラフのフィールド]が表示されますので、「年齢」を[軸(項目)]ボックスにドラッグします。
⑦ 「人数」を[Σ値]ボックスへドラッグします。
⑧ ピボットテーブルとそれをグラフ化したピボットグラフが表示されます(下図参照)。ただし、[Σ値]の「人数」が[合計]になっていない場合は、ピボットテーブルの「人数」の行の右クリック、あるいは[Σ値]ボックスの[人数]の＜▼＞ボタンをクリックして[値フィールドの設定(N)]を選択し、[合計]に変更します。

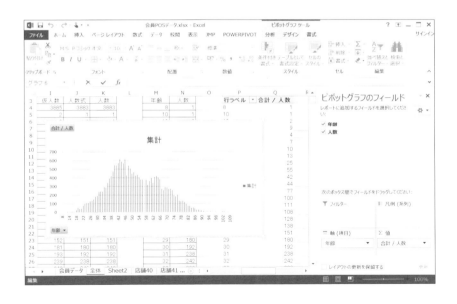

3-4 再カテゴリー化 　111

次に会員の「平均年齢」を求めます。操作方法は、次の通りです。

---
① 作成した「年齢」「人数」の表の次の列に、「年齢」と「人数」の積を求める式を入力します。
② その式をコピーし、最終行まで貼り付けます。
③ 最終行の下の行に、計算した積の合計を求め、それを人数で割ります。

計算結果は、「51.64545183」となったので、全体の「平均年齢」は「51.65歳」とします。

全体の、年齢特性は、次図の表になり、ピークは40歳半ば位であるということが分かります。

これを確認するため、年齢を5歳ごとにカテゴリー化しグラフ化します。

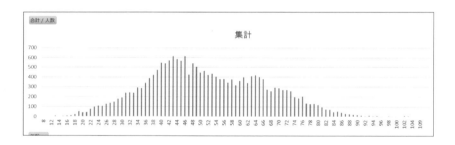

操作方法は、次の通りです。

① グラフのもとになっているピボットテーブルの[行ラベル]のデータを右クリックし、プルダウンメニューから[グループ化]を選択します。

② [グループ化]ダイアログボックスが表示されますので、[先頭の値(S)]を「0」、[単位(B)]を「5」に設定し、<OK>ボタンをクリックします。

その結果、次のピボットテーブルとグラフに変わります。

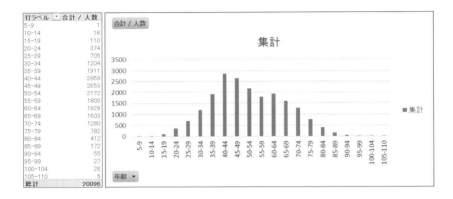

このグラフからも40歳代の人数が多いことが分かりますが、10歳ごとの方がより分かりやすくなります。そこで、10歳ごとにカテゴリーを変更します。このようにカテゴリーを変更することを「再カテゴリー」と言い、分析を行う中ではよく使われます。

10歳ごとに再カテゴリーした結果を以下に示します。

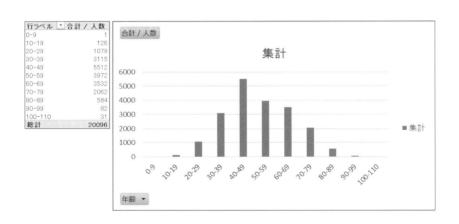

ピボットテーブルの中では、一部で自動カテゴリー化を行うことが可能ですが、自動カテゴリー化ができない場合は、あらかじめ対応する分類を行っておき、それを元に分析を行います。今回のデータでは、「商品名」に対応する分類として、「部門名1」～「部門名4」までがあり、それを元に分析が行えます。

3-4-3 店舗別・会員情報

「店舗別」の「会員情報」の分析は、前節で行った全体の「会員情報」の分析と同じです。ただし、最初に店舗を特定する必要があります。操作方法は、次の通りです。

① 会員データより、ピボットテーブルを作成し、「年齢」と「カード番号」を[行]ボックスへドラッグし(ここまでは、前節で行った操作)、[店舗CD]を[フィルター]ボックスへドラッグします。
② [行ラベル]の上部に[店舗CD（すべて)]が表示されるので、右にある＜▼＞ボタンをクリックします。
③ プルダウンメニューに店舗番号があるので、分析しようとする店舗をクリックし、＜OK＞ボタンをクリックします。

④ 選択した店舗の会員年齢とそれに対応する「カード番号」が表示されますので、その後は、前節で行った全体の「会員情報」の分析と同じ操作を行います。
　ここでは、操作が同じなので、操作方法は省略し、結果だけを表示します(各店舗の売上は、前節の結果を流用し、会員の売上は、同じ操作を行い求めました)。

店舗CD	40	41	45	46	合計
会員数	8,095	6,538	5,414	4,010	23,979
生年月日未登録会員数	769	1,300	1,290	533	3,883
生年月日登録会員数	7,326	5,238	4,124	3,477	20,096
平均年齢	51.09	50.93	50.54	55.11	51.65
全体売上(千円)	35,422	32,062	34,879	19,888	122,251
会員の売上(千円)	24,798	23,077	24,063	14,026	85,964

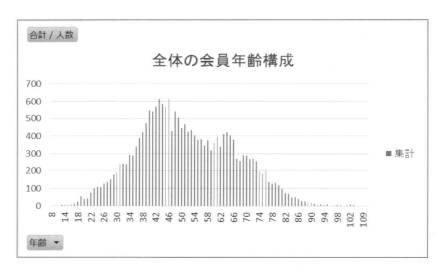

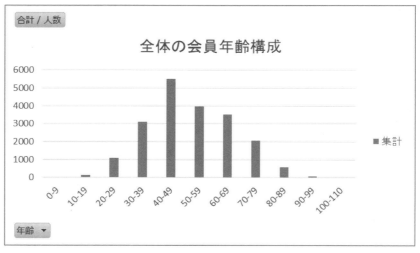

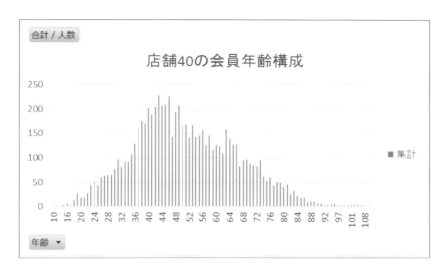

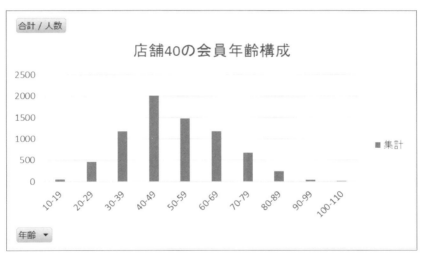

3-4 再カテゴリー化

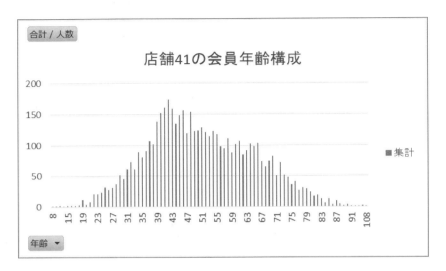

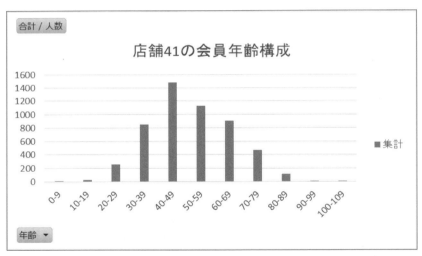

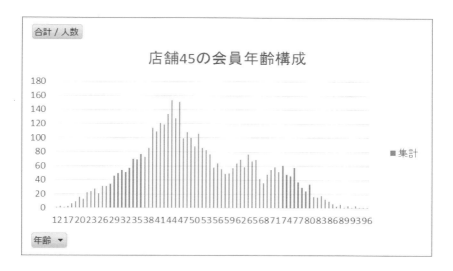

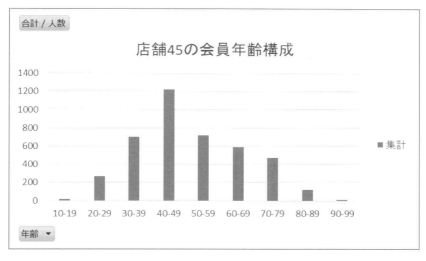

3-4 再カテゴリー化

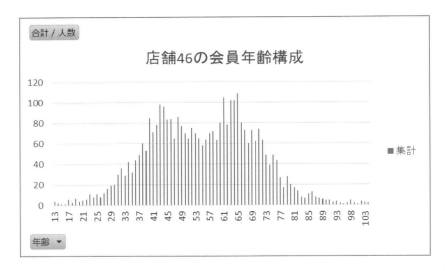

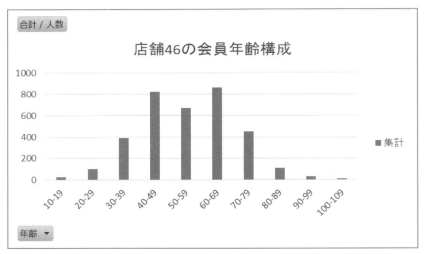

　以上から、「店舗46」は他の店舗と違い、60歳代の会員が多いことが分かりました。しかし、「会員数」は少ないので、「売上高」が低くなる傾向があると思われますが、60歳代向けの商品を取りそろえることにより、売上拡大を図れる可能性があります。
　「店舗40」は「会員数」が一番多いようです。

しかし、「売上高」については、「会員数」が2,700人近く少ない「店舗45」とあまり変わりません。「店舗40」も、年代にあった商品を取りそろえることにより、売上拡大に繋がる可能性があります。

このため、「年齢別」の「商品別売上高」を分析します。

3-4-4 年齢別・商品別売上高

「年齢別・商品別売上高」を分析するため、新規のピボットテーブルを作成します。今回は、実際に商品を購入した時の状況を分析したいので、「購入時の年齢(購入年齢)」を使用します。

① [購入年齢]を[列]ボックスにドラッグします。
② [商品名]を[行]ボックスにドラッグします。
③ [税抜金額]を[Σ値]ボックスへドラッグします(ドラッグ後、「税抜金額」は、「合計」に名称を変更します)。

各商品に対する、「年齢別」の「売上高」が表示されます。年齢が細かすぎますが、一番「売上高」の多い44歳について、売上の多い順に商品を並べ替えます。「売上高」の一番多い年齢は、次の操作で分かります。

① 先程のピボットテーブルから、[商品名]を削除します。
② 「年齢別」の「売上高」が表示されますので、[税抜金額]のデータを右クリックし、プルダウンメニューから[並べ替え]⇒[降順]を選択します。

次図が表示され、44歳の売上が一番多いことが分かります(「44歳」の左にあるデータは、「空白」のデータで、「生年月日」を登録していない会員の「売上高」になり、今回は対象外となります)。

続いて、44歳が購入している商品で売上の多いものを分析します。
操作は、次の通りです。

---

① 「商品名」を[行]ボックスへドラッグします。
② 商品名ごとの「売上高」が表示されますので、「44歳」の列(C列)のデータを右クリックし、プルダウンメニューから[並べ替え]⇒[降順]を選択します。

結果次図が表示され、「44歳」の会員が購入した商品が売上順で分かります。

3 ビッグデータの分析

「年齢」の順序を元に戻し、44歳前後を見ると1位は変わりませんが、2位以下は微妙に変わっています(順序の戻し方は、[年齢]のデータを右クリックし、プルダウンメニューから[並べ替え]⇒[昇順]を選択します)。

しかし、50歳代後半以降では、1位と2位が逆転しています。若い人には「洋風半・生菓子」が人気で、50歳代後半以降には「和風半・生菓子」が好まれることが分かります。

この傾向を見極めるため、年齢を10歳ごとにカテゴリー化して分析を行います。年齢をカテゴリー化するためには、ピボットのグループ化の機能を使います。

操作方法は、次の通りです。

最初に10歳代(10歳〜19歳)のカテゴリー化を行います。

① ピボットテーブルの[列ラベル]の年齢の数字(10〜19まで)を範囲指定します([10]をクリックし、[Shift]キーを押しながら[→]キーで[19]まで移動します)。
② [ピボットテーブルツール]⇒[分析]タブ⇒[グループ]グループ⇒[グループの選択]をクリックします。
③ [グループ1]が表示されますので、[グループ1]をクリックし[10代]（識別する名前なので意味が分かればどのような名前でも構いません）と入力し、[Enter]キーを押します。
④ 入力した名前[10代]の左に表示されている<ー>ボタンをクリックすると、10歳から19歳までのデータの総計が表示されます。
この操作を20歳代以降に対して最後まで行います。

こうして作成した表を、40歳代のデータで降順に並べたものが次図です。

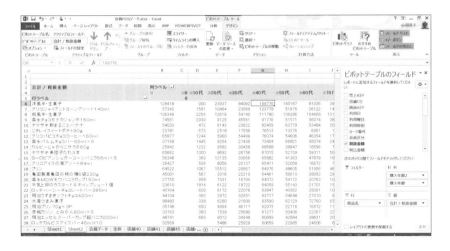

2位に「グリコジャイアントコーン」が入っており、3位が「和風半・生菓子」となりました。しかし、「和風半・生菓子」は60歳代以降で1位となっており、高齢者に人気があることが分かります。

それでは、商品のグループではどのようなグループが好まれるのかを分析します。「商品グループ」については、すでに、データの「部門名1」～「部門名4」で分類されているので、これを使用します。他のビッグデータの分析でも、分析目的に沿ったカテゴライズ（分類）を行ってから分析する方が効率よく行えます。
　操作方法は、次の通りです。

---

① 一旦、[行]ボックスの「商品名」を削除します。
② 「部門名3」を[行]ボックスへドラッグします。

　次図のような表が表示されます。

　この分析では、すべての年代で「乾菓子」が1位ですが、種類が2,000以上あり、そのため1位になったと推測されます。

3-4　再カテゴリー化　125

では、もう少し分類を細かくして分析したいと思います。本来なら、再カテゴリー化を行いますが、今回は既にある「部門名4」を使用します。[行ボックス]にある「部門名3」の下に「部門名4」をドラッグしても良いのですが、途中に[部門名3]が入るため分かり難いので、[部門名3]を削除し、[部門名4]を[行]ボックスにドラッグします。
　その表を40歳代で降順に並べ替えたものが下表の40代の部分です。

　この表より、40歳代は「洋風半・生菓子」が1位ですが、「和風半・生菓子」は7位です。しかし、60代以降は「和風半・生菓子」が1位になっています。このように年代による違いが分かります。次表は、この違いを分かり易くするため、30歳代・40歳代・50歳代・60歳代・70歳代の売上上位10品目を表示しています（表は年代別商品別売上のピボットテーブルを各年代で降順に並べ替えたものの内、「部門名4」をコピーして作成したものです）。

順位	30代	40代	50代	60代	70代
1	スナック	洋風半・生菓子	洋風半・生菓子	和風半・生菓子	和風半・生菓子
2	チョコレート	ノベルティアイス	ノベルティアイス	洋風半・生菓子	洋風半・生菓子
3	洋風半・生菓子	スナック	マルチパックアイス	米菓	ノベルティアイス
4	ノベルティアイス	チョコレート	チョコレート	マルチパックアイス	米菓
5	マルチパックアイス	マルチパックアイス	米菓	ノベルティアイス	マルチパックアイス
6	米菓	米菓	スナック	チョコレート	チョコレート
7	ゼリー	和風半・生菓子	和風半・生菓子	スナック	スナック
8	ビスケット	ゼリー	ゼリー	水産つまみ菓子	キャンディ
9	和風半・生菓子	プリン	プリン	ゼリー	水産つまみ菓子
10	プリン	ビスケット	ビスケット	キャンディ	和風乾菓子

3-5

多重クロス集計

　前節では、「年齢別・商品別売上高」を分析することにより、全体での年代別の「売れ筋商品」が分かりました。しかし、実際に商品を販売しているのは店舗であり、各店舗での「年齢別」の「売れ筋商品」を調べ、全体との違いを分析することにより、有益な情報を得ることがあります。

　たとえば、前節で分析した会員の店舗別・年齢構成と店舗別の「売れ筋商品」を比較して、違いがあれば、年齢構成に適した商品があると推測できます。そのような商品を年代別に調べ、商品プロモーションを行えば売上につながる可能性があります。

　ここでは、「店舗別・年齢別・商品別売上高」の分析を行いますが、見方を変えると店舗別の「クロス集計（年齢別・商品別の売上高）」となります。通常の「クロス集計」は、「行（商品）」と「列（年齢）」の2次元ですが、そこに「別の要素（店舗）」が入るので、3次元の「クロス集計」と見ることができます。

　このように、2次元以上の「クロス集計」を「多重クロス集計」と呼び、ビッグデータで項目の多い分析では、よく使用されます。

　Excelのピボットテーブルで「多重クロス集計」を行う場合、「行」と「列」以外に、フィルターを利用します。今回は、［フィルター］ボックスに「店舗CD」をドラッグして、各店舗の分析を行います。フィルターの使用方法は、前節の会員情報を分析する際に使用したので、説明は省略し、結果だけを示します。

3-5-1 　店舗別・年齢別・商品別売上高

① 全体

順位	30代	40代	50代	60代	70代
1	洋風半・生菓子	洋風半・生菓子	洋風半・生菓子	和風半・生菓子	和風半・生菓子
2	グリコパピコチョココーヒー160ml	グリコジャイアントコーンアソート140ml	和風半・生菓子	井村屋BOXあずきバー65ml×6	井村屋BOXあずきバー65ml×6
3	和風半・生菓子	和風半・生菓子	井村屋BOXあずきバー65ml×6	洋風半・生菓子	水産つまみ菓子
4	明治プリン70g×3P	森永チョコモナカジャンボ150ml	森永パルムチョコバー55ml×6	水産つまみ菓子	フタバサクレレモン200ml
5	森永チョコモナカジャンボ150ml	ヤマザキ新まるごとバナナ	ヤマザキ新まるごとバナナ	ヤマザキ串団子たれ3本	ヤマザキ串団子たれ3本
6	スナック	ニチレイスイートポテト90g	水産つまみ菓子	赤城ガリガリ君ソーダ65mlX7	伍魚福旨・一夜干焼きいか150g
7	明治エッセルスーパーカップ超バニラ200ml	グリコパピコチョココーヒー160ml	亀田製菓亀田の柿の種6袋230g	森永チョコモナカジャンボ150ml	プリン
8	ヨーロピアンシュガーコーンバニラ56ml×5	森永パルムチョコバー55ml×6	牛乳と卵のカスタード&ホイップシュー1個	森永パルムチョコバー55ml×6	ロッテ爽バニラ190ml
9	明治うずまきソフトチョコ420ml	カルビーじゃがりこサラダ60g	グリコパピコチョココーヒー160ml	ヤマザキ新まるごとバナナ	洋風半・生菓子
10	森永パリパリバーバニラ48ml×8	ヤマザキ串団子たれ3本	森永MOWモウバニラカップ150ml	プリン	森永チョコモナカジャンボ150ml
11	ロッテドールもりだくさんフルーツ384ml	ヨーロピアンシュガーコーンバニラ56ml×5	赤城ガリガリ君梨113ml	ヨーロピアンシュガーコーンバニラ56ml×5	森永焼きプリン140g
12	カルビーじゃがりこサラダ60g	グリコアイスの実アソート84ml	ヤマザキ串団子たれ3本	森永ピノチョコアソート10ml×26	亀田製菓亀田の柿の種6袋230g
13	カルビーポテトチップスうすしお味60g	プリン	グリコジャイアントコーンアソート140ml	グリコパピコチョココーヒー160ml	米菓
14	森永パルムチョコバー55ml×6	亀田製菓亀田の柿の種6袋230g	森永チョコモナカジャンボ150ml	明治エッセルマルチバニラ90ml×6	ハーゲンダッツミニカップバニラ120ml
15	森永ラムネバー50mlX10	森永MOWモウバニラカップ150ml	赤城ガツン、とみかん60ml×5	明治エッセルスーパーカップ超バニラ200ml	福寿屋長崎カステラ切り落とし
16	ヤマザキ串団子たれ3本	牛乳と卵のカスタード&ホイップシュー1個	ロッテハーシーチョコレートバー385ml	亀田製菓亀田の柿の種6袋230g	赤城ガリガリ君ソーダ65mlX7
17	プリン	ロッテハーシーチョコレートバー385ml	プリン	ロッテハーシーアーモンド312ml	森永栗入あずきモナカ130ml
18	ロッテカルピスアイスバー45mlX10	明治うずまきソフトチョコ420ml	赤城ガリガリ君ソーダ65mlX7	フタバサクレレモン200ml	森永パルムチョコバー55ml×6
19	赤城ガツン、とみかん60ml×5	水産つまみ菓子	丸永白くまバーマルチ65ml×6	三幸製菓おかき餅12枚	明治ブラックチョコレートBOX28枚
20	不二家カントリーマアムバニラ&ココア22枚	明治プリン70g×3P	オハヨーこんがりバニラプリン70g×4P	ロッテとろ〜りれん乳三昧宇治金時65ml×6	フルーツ缶

3-5　多重クロス集計

② 店舗40

順位	30代	40代	50代	60代	70代
1	和風半・生菓子	ゼリー	和風半・生菓子	和風半・生菓子	和風半・生菓子
2	スナック	洋風半・生菓子	洋風半・生菓子	井村屋BOXあずきバー 65ml×6	井村屋BOXあずきバー 65ml×6
3	ゼリー	和風半・生菓子	ゼリー	チロルチョコきなこもち袋9個	アイネットかわり玉75g
4	洋風半・生菓子	スナック	森永パルムチョコバー 55ml×6	プリン	ヤマザキ串団子たれ3本
5	プリン	ニチレイスイートポテト90g	グリコパピコチョココーヒー160ml	森永ピノチョコアソート10ml×26	洋風半・生菓子
6	赤城ガリガリ君梨113ml	ロッテ爽バニラ190ml	三幸製菓新潟仕込み30枚	グリコパピコチョココーヒー160ml	水産つまみ菓子
7	森永チョコモナカジャンボ150ml	亀田製菓亀田の柿の種6袋230g	チロルチョコきなこもち袋9個	ヤマザキ串団子たれ3本	森永焼きプリン140g
8	明治プリン70g×3P	チロルチョコきなこもち袋9個	森永パリパリバーバニラ48ml×8	森永パルムチョコバー 55ml×6	丸彦味の楽園270g
9	ネスレキットカットミニオトナの甘さ12枚	プリン	井村屋BOXあずきバー 65ml×6	明治エッセルスーパーカップ超バニラ200ml	ロピアフィエルテ絹ごしプリンカップ1個
10	カルビーポテトチップスうすしお味60g	ヤマザキ串団子たれ3本	赤城ガツン、とみかん60ml×5	洋風半・生菓子	プリン
11	グリコパピコチョココーヒー160ml	ヤマザキ新まるごとバナナ	丸永白くまバーマルチ65ml×6	赤城 ガリガリ君 ソーダ 65mlX7	森永パルムチョコバー 55ml×6
12	ヤマザキ串団子たれ3本	牛乳と卵のカスタード&ホイップシュー 1個	ナビスコプレミアム54枚	亀田製菓まがりせんべい18枚	ヤマザキ焼菓子饅頭ミックス5個
13	ロッテガーナチョコ&クッキーサンド76ml	森永パルムチョコバー 55ml×6	亀田製菓亀田の柿の種6袋230g	森永チョコモナカジャンボ150ml	赤 城 ガリガリ君 ソー ダ 65mlX7
14	チロルチョコきなこもち袋9個	ロッテハーシークランチモナカ224ml	ヤマザキ串団子たれ3本	ヤマザキ新まるごとバナナ	ロッテ爽バニラ190ml
15	エースどうつえんゼリー袋30個	森永チョコモナカジャンボ150ml	オハヨーこんがりバニラプリン70g×4P	明治エッセルマルチバニラ90ml×6	でん六ウルトラミニアソート200g
16	森永パリパリバーバニラ48ml×8	亀田製菓柿の種スパイシーカレー 210g	牛乳と卵のカスタード&ホイップシュー 1個	水産つまみ菓子	ハーゲンダッツミニカップバニラ120ml
17	ネスレキットカットミニ袋15枚	ロッテハーシーチョコレートバー 385ml	赤城ガリガリ君梨113ml	ロッテハーシーアーモンド312ml	森永タニタアイスバニラ&はちみつ120ml
18	森永パルムチョコバー 55ml×6	明治アポロ・マーブルアソート袋102g	森永パルムキャラメルマキアート55ml×6	明治午後のくつろぎカフェゼリー 70g×3個	稲葉アーモンドフィッシュ8g×10
19	明治きのこたけのこ袋12袋	赤城ガリガリ君梨113ml	山形屋ぶっかきおかき155g	森永タニタアイスあずき120ml	福寿屋長崎カステラ切り落とし
20	森永焼きプリン140g	ヨーロピアンシュガーコーンバニラ56ml×5	プリン	ヨーロピアンシュガーコーンバニラ56ml×5	ヤマザキ草大福つぶあん(5)

③ 店舗41

順位	30代	40代	50代	60代	70代
1	洋風半・生菓子	洋風半・生菓子		和風半・生菓子	和風半・生菓子
2	和風半・生菓子	ロッテハーシーDXモカC140ml	洋風半・生菓子	洋風半・生菓子	洋風半・生菓子
3	ロッテハーシーDXモカC140ml	ヤマザキ新まるごとバナナ	和風半・生菓子	水産つまみ菓子	井村屋BOXあずきバー65ml×6
4	スナック	和風半・生菓子	ヤマザキ新まるごとバナナ	ヤマザキ新まるごとバナナ	森永栗入あずきモナカ130g
5	カルビーじゃがりこサラダ60g	グリコジャイアントコーンアソート140ml	ロッテハーシーDXモカC140ml	赤城ガリガリ君ソーダ65mlX7	フルーツ缶
6	メイトープレミアムホームランバークッキー90g	ニチレイスイートポテト90g	スナック	森永パルムチョコバー55ml×6	水産つまみ菓子
7	森菓サンデーカップチョコ180ml	カルビーじゃがりこサラダ60g	森永アイスガイ三ツ矢サイダーレモン	森永チョコモナカジャンボ150ml	鳩屋カリカリぴーなつ徳用カップ450g
8	グリコパピコチョココーヒー160ml	メイトープレミアムホームランバークッキー90g	水産つまみ菓子	ヨーロピアンシュガーコーンバニラ56ml×5	プリン
9	なとり逸品素材焼するめげそ55g	カルビーベジップス玉ねぎかぼちゃじゃがいも30g	井村屋BOXあずきバー65ml×6	スナック	安曇野リトルアジアココナッツミルク160g
10	ロッテカルピスアイスバー45mlX10	明治うずまきソフトチョコ420ml	赤城ガリガリ君梨113ml	プリン	スナック
11	明治プリン70g×3P	スナック	オハヨーこんがりバニラプリン70g×4P	ロッテマルシェスタンダード113ml	ヤマザキ串団子たれ3本
12	カルビーベジップス玉ねぎかぼちゃじゃがいも30g	オハヨーハーシーチョコプリン70g×4	プリン	明治午後のくつろぎカフェゼリー70g×3個	たらみくだもの屋さんみかんゼリー16Cg
13	ヤマザキ新まるごとバナナ	グリコパピコチョココーヒー160ml	カルビーじゃがりこサラダ60g	ロッテとろ〜りれん乳三昧宇治金時65ml×6	赤城ガリガリ君ソーダ113ml
14	カルビーポテトチップスうすしお味60g	ロッテ爽マルチストロベリー360ml	森永MOWモウバニラカップ150ml	ロピアプチフルーツプリン1個	米菓
15	バンダイアイカツデータカードダスグミ10g	ロピアプチフルーツプリン1個	ヤマザキ串団子たれ3本	行事菓子	フタバサクレレモン200ml
16	カルビーじゃがりこチーズ58g	亀田製菓亀田の柿の種6袋230g	ロッテマルシェバラエティ113ml	ロッテラミー2本	森永焼きプリン140g
17	不二家カントリーマアムバニラ&ココア22枚	ロッテマルシェスタンダード113ml	グリコジャイアントコーンアソート140ml	ヤマザキまるごとバナナ(ミニ)	伍魚福特・一夜干焼きいか150g
18	明治うずまきソフトチョコ420ml	ロッテハーシーアーモンド312ml	なりおいしいあたりめ46g	ヤマザキ串団子たれ3本	三幸製菓三幸の海苔巻90g
19	森永おっとっとくうすしお味>54g	ロッテハーシークランチモナカ224ml	ロッテハーシーチョコレートバー385ml	森永ピノチョコアソート10ml×26	亀田製菓手塩屋9枚
20	カルビーベジップスさつまいもとかぼちゃ35g	ヤマザキ串団子たれ3本	森永ドトールフローズンカフェオレ165ml	井村屋BOXあずきバー65ml×6	明治ブラックチョコレートBOX28枚

④ 店舗45

順位	30代	40代	50代	60代	70代
1	グリコパピコチョココーヒー160ml	グリコジャイアントコーンアソート140ml	グリコバニラティエ87ml×6	井村屋BOXあずきバー 65ml×6	和風半・生菓子
2	明治プリン70g×3P	森永チョコモナカジャンボ150ml	フルタ生クリームチョコ224g	和風半・生菓子	井村屋BOXあずきバー 65ml×6
3	明治エッセルスーパーカップ超バニラ200ml	森永フルーツパルムストロベリー 60ml×6	和風半・生菓子	グリコガリガリ君リッチいちごゼリー 110ml	ロッテ爽バニラ190ml
4	ヨーロピアンシュガーコーンバニラ56ml×5	和風半・生菓子	井村屋BOXあずきバー 65ml×6	水産つまみ菓子	森永チョコモナカジャンボ150ml
5	森永チョコモナカジャンボ150ml	ロッテカルピスアイスバー45ml×10	赤城 ガリガリ君ソーダ 65ml×7	赤城ブラック83ml	赤城ガツン、とみかん60ml×5
6	赤城ガツン、とみかん60ml×5	グリコパピコチョココーヒー160ml	プレシア4つに切れてるフルーツロール	カンロ金のミルクキャンディ80g	水産つまみ菓子
7	ロッテドールもりだくさんフルーツ384ml	明治うずまきソフトチョコ420ml	水産つまみ菓子	ロッテハーシーアーモンド312ml	プリン
8	明治うずまきソフトチョコ420ml	赤城ガツン、とみかん60ml×5	グリコジャイアントコーンアソート140ml	森永チョコモナカジャンボ150ml	伍魚福特・一夜干焼きいか150g
9	ロッテ爽バニラ190ml	明治エッセルスーパーカップ超バニラ200ml	牛乳と卵のカスタード&ホイップシュー 1個	ヤマザキ串団子たれ3本	ヤマザキ串団子たれ3本
10	森永ラムネバー 50ml×10	プリン	ロッテハーシーチョコレートバー 385ml	グリコパピコチョココーヒー160ml	メイトー雪細工いちご200ml
11	フルーツセラピーバレンシアオレンジ160g	赤城 ガリガリ君ソーダ65ml×7	森永チョコモナカジャンボ150ml	ヨーロピアンシュガーコーンバニラ56ml×5	プレシア4つに切れてるフルーツロール
12	洋風半・生菓子	井村屋BOXあずきバー 65ml×6	森永MOWモウバニラカップ150ml	明治エッセルマルチバニラ90ml×6	龍角散龍角飴ののどすっきり飴88g
13	赤城ガリガリ君ソーダ113ml	ヨーロピアンシュガーコーンバニラ56ml×5	たらみゼロカロリーゼリーパイン180g	レディーボーデンパイントバニラ470ml	オハヨー塩グレープフルーツ
14	森永パリパリバーバニラ48ml×8	明治プリン70g×3P	森永パルムチョコバー 55ml×6	串団子つぶあん(3)	ロッテモナ王バニラ160ml
15	森永パルムチョコバー 55ml×6	グリコアイスの実アソート84ml	丸永白くまバーマルチ65ml×6	赤城ガリガリ君梨113ml	ハーゲンダッツミニカップバニラ120ml
16	森永アイスカフェ・オ・レ50ml×8	ロッテマルシェバラエティ113ml	亀田製菓亀田の柿の種6袋230g	森永パルムチョコバー 55ml×6	明治ブラックチョコレートBOX28枚
17	森永ピノ箱10ml×6	森菓サンデーカップチョコ180ml	赤城ガリガリ君梨113ml	ヤマザキ新まるごとバナナ	伍魚福やわらかおつまみ鱈90g
18	亀田製菓ソフトサラダ20枚	ロッテぎゅぎゅっとスタンダード110ml	ロッテガーナマルチアイスバー330ml	赤城ガリガリ君梨65ml×7	明治エッセルスーパーカップ超バニラ200ml
19	森永チーズスティック71ml	森永MOWモウバニラカップ150ml	明治エッセルスーパーカップ超抹茶・チョコクッキー	プレシア4つに切れてるフルーツロール	明治チョコレートアイスクリームバー 90ml
20	赤城ガリガリ君梨113ml	森永パルムチョコバー 55ml×6	ネスレキットカットミニ袋15枚	赤城 ガリガリ君ソーダ65ml×7	ヤマザキ豆大福つぶあん(5)

⑤ 店舗46

順位	30代	40代	50代	60代	70代
1	明治エッセルマルチバニラ90ml×6	ロッテしらゆきれん乳ホワイト150ml	モンテールとろ生カステラ5個	井村屋BOXあずきバー65ml×6	フタバ サクレ レモン200ml
2	森永パリパリバーバニラ48ml×8	グリコジャイアントコーンアソート140ml	森永パルムチョコバー55ml×6	和風半・生菓子	水産つまみ菓子
3	カルビーじゃがりこチーズ58g	グリコアイスの実アソート84ml	グリコパピコチョココーヒー160ml	ヤマザキ串団子たれ3本	伍魚福特・一夜干焼きいか150g
4	森永チョコモナカジャンボ150ml	森永パルムチョコバー55ml×6	明治エッセルマルチバニラ90ml×6	メイトーパティシエラムレーズン140ml	井村屋BOXあずきバー65ml×6
5	ロピアプチティラミス1個	牛乳と卵のカスタード&ホイップシュー 1個	和風半・生菓子	赤城ガリガリ君ソーダ65ml×7	赤城ガリガリ君梨65ml×7
6	グリコパピコチョココーヒー 160ml	森永チョコモナカジャンボ150ml	ロッテマルシェスタンダード113ml	フタバ サクレ レモン200ml	和風半・生菓子
7	なとりいかフライ5枚	カルビーじゃがりこサラダ60g	牛乳と卵のカスタード&ホイップシュー 1個	亀田製菓亀田の柿の種6袋230g	ヤマザキ串団子たれ3本
8	ロッテミニ雪見だいふく270ml	グリコパピコチョココーヒー 160ml	水産つまみ菓子	不二家 ミルキー 袋120g	亀田製菓亀田の柿の種6袋230g
9	牛乳と卵のカスタード&ホイップシュー 1個	明治エッセルスーパーカップミニ抹茶・チョコクッキー	モンテール牛乳と卵のシュークリーム95g	森永チョコモナカジャンボ150ml	佐々木三色せんべい7枚
10	カルビーじゃがりこサラダ60g	洋風半・生菓子	フタバ サクレ レモン200ml	ロッテ キシリトールニューライム3本	モンテール牛乳と卵のシュークリーム95g
11	ドンレミー 9層仕立てのミルクレープ1個	水産つまみ菓子	ヤマザキ串団子たれ3本	水産つまみ菓子	プリン
12	ロッテハーシーチョコレートバー 385ml	ドンレミーしあわせバナナクレープ1コ	森永MOWモウバニラカップ150ml	岩塚しょうゆ揚げもち112g	小松まめごろう2枚
13	森永ドラえもんぷどうゼリー 78g×3	モンテール牛乳と卵のシュークリーム95g	亀田製菓亀田の柿の種6袋230g	森永パルムチョコバー55ml×6	伍魚福やわらか鮭とば袋85g
14	ブルボンアルフォートFS215g	ニチレイスイートポテト90g	森永チョコモナカジャンボ150ml	ロッテハーシーチョコレートバー 385ml	かしわ堂カルシウムせん27枚
15	ロッテパイの実シェアパック160g	森永MOWモウバニラカップ150ml	カンロノンシュガー紅茶茶館19粒	プリン	ロッテとろ～りれん乳三昧苺れん乳65ml×6
16	ネスレキットカットミニオトナの甘さ12枚	ロッテカルピスアイスバー 45ml×10	グリコジャイアントコーンアソート140ml	森永ピノチョコアソート10ml×26	プレシア4つに切れてるフルーツロール
17	森永パルムチョコバー55ml×6	メイトー 09ホームランプチパリCマルチ450	明治たけのこの里77g	ロピアプチフルーツプリン1個	明治エッセルマルチバニラ90ml×6
18	明治うまか棒ミニチョコナッツ	レディーボーデンパイントバニラ470ml	ロッテ爽バニラ190ml	洋風半・生菓子	ヤマザキどら焼
19	グリコパピコホワイトサワー 160ml	ヤマザキ串団子たれ3本	ハーゲンダッツミニカップマルチブルー 75ml×6	モンテール牛乳と卵のシュークリーム95g	ハーゲンダッツミニカップバニラ120ml
20	モンテールとろ生カステラ5個	亀田製菓亀田の柿の種6袋230g	井村屋BOXあずきバー65ml×6	明治エッセルマルチバニラ90ml×6	米菓

「店舗40」と「店舗41」の商品売上傾向は、全体のものと似ています。これに比べると、「店舗46」は全体のものと違っており、「店舗45」はその中間的な傾向にあります。これは、前節で分析した会員の年齢構成によるものと思われます。「店舗46」は平均年齢も他の店舗と比べ高く、60歳代が40歳代より多いので、高齢者の嗜好傾向が出ていると思われます。

3-5　多重クロス集計　133

「店舗46」の地域の人口構成も、高齢者が多い可能性があります。地域の人口構成については、政府統計の総合窓口「e-Stat」などで公開されている国のデータから調べることが可能です。

もし地域の人口構成で高齢者が多いとすると、本格的に高齢者向けの商品販売プロモーションを行うことにより、売上向上につながる可能性があります。

「店舗41」は、「洋風半・生菓子」が全体の半分以上を売り上げています。年代別にみても、どの年代でも上位を占めており、この店舗だけ「洋風半・生菓子」のプロモーションを行った可能性があります。

参考URL
政府統計の総合窓口「e-Stat」
http://www.e-stat.go.jp/SG1/estat/eStatTopPortal.do」

3-5-2　月別（季節別）・店舗別の年齢別・商品別・売上

今まで行ってきた分析では、月や季節を考慮していませんでした。しかし、夏の暑いときはアイスクリーム系のものが売れるように、月や季節で「売れ筋商品」に違いがあると思われます。

この分析を実現するためには、「店舗別」の「年齢別・商品別売上」に「利用日（利用月や利用した季節）」を加えた4次元の「クロス集計」を行う必要があります。Excelのピボットテーブルで行う場合は、[フィルター]ボックスに[利用日]をドラッグして分析を行います。「利用日」をカテゴリー化してある場合は、「利用日2」としてカテゴリー化した分類が「ピボットテーブルのフィールド」に表示されますので、これを使用します。

ここでは、暑い季節として「7月・8月の合計」と寒い季節として「11月・12月の合計」を「店舗別」の「年齢別・商品別売上」として分析します。尚、順位は10位までとし、「商品名」の下に「商品の分類」を表示しました。

① 全体(7・8月)

順位	商品	30代	40代	50代	60代	70代
1	商品名	洋風半・生菓子	洋風半・生菓子	和風半・生菓子	和風半・生菓子	和風半・生菓子
	分類	洋風半・生菓子	洋風半・生菓子	和風半・生菓子	和風半・生菓子	和風半・生菓子
2	商品名	グリコパピコチョコ コーヒー 160ml	グリコジャイアント コーンアソート140ml	洋風半・生菓子	井村屋BOXあずき バー 65ml×6	井村屋BOXあずき バー 65ml×6
	分類	ノベルティアイス	ノベルティアイス	洋風半・生菓子	マルチパックアイス	マルチパックアイス
3	商品名	和風半・生菓子	和風半・生菓子	赤城ガリガリ君梨 113ml	赤城ガリガリ君ソーダ 65ml×7	プリン
	分類	和風半・生菓子	和風半・生菓子	ノベルティアイス	マルチパックアイス	プリン
4	商品名	森永ラムネバー 50ml×10	グリコパピコチョコ コーヒー 160ml	井村屋BOXあずき バー 65ml×6	プリン	フタバサクレレモン 200ml
	分類	マルチパックアイス	ノベルティアイス	マルチパックアイス	プリン	ノベルティアイス
5	商品名	赤城ガリガリ君梨 113ml	森永チョコモナカジャ ンボ150ml	赤城ガツン、とみかん 60ml×5	洋風半・生菓子	水産つまみ菓子
	分類	ノベルティアイス	ノベルティアイス	マルチパックアイス	洋風半・生菓子	水産つまみ菓子
6	商品名	明治エッセルスーパー カップ 超バニラ 200ml	赤城ガツン、とみかん 60ml×5	丸永白くまバーマルチ 65ml×6	グリコパピコチョコ コーヒー 160ml	ロッテ 爽 バニラ 190ml
	分類	ノベルティアイス	マルチパックアイス	マルチパックアイス	ノベルティアイス	ノベルティアイス
7	商品名	森永チョコモナカジャ ンボ150ml	亀田製菓柿の種スパ イシーカレー 210g	森永パルムチョコ バー 55ml×6	森永チョコモナカジャ ンボ150ml	森永チョコモナカジャ ンボ150ml
	分類	ノベルティアイス	つまみ菓子_他	マルチパックアイス	ノベルティアイス	ノベルティアイス
8	商品名	明治うずまきソフト チョコ420ml	森永MOWモウバニラ カップ150ml	赤城ガリガリ君ソーダ 65ml×7	ロッテとろ〜りれん乳 三昧宇治金時65ml×	赤城ガリガリ君ソーダ 65ml×7
	分類	マルチパックアイス	ノベルティアイス	マルチパックアイス	マルチパックアイス	マルチパックアイス
9	商品名	ロッテドールもりだく さんフルーツ384ml	ロッテスイカ&メロン バー	プリン	森永パルムチョコ バー 55ml×6	森永焼きプリン140g
	分類	マルチパックアイス	マルチパックアイス	プリン	マルチパックアイス	プリン
10	商品名	プリン	赤城ガリガリ君梨 113ml	森永MOWモウバニラ カップ150ml	赤城ガリガリ君梨 113ml	ヤマザキ串団子たれ3 本
	分類	プリン	ノベルティアイス	ノベルティアイス	ノベルティアイス	和風半・生菓子

3-5 多重クロス集計 135

② 店舗40（7・8月）

順位	商品	30代	40代	50代	60代	70代
1	商品名	赤城 ガリガリ君梨113ml	ゼリー	和風半・生菓子	和風半・生菓子	和風半・生菓子
	分類	ノベルティアイス	ゼリー	和風半・生菓子	和風半・生菓子	和風半・生菓子
2	商品名	プリン	赤城 ガリガリ君梨113ml	赤城 ガリガリ君梨113ml	井村屋BOXあずきバー65ml×6	井村屋BOXあずきバー65ml×6
	分類	プリン	ノベルティアイス	ノベルティアイス	マルチパックアイス	マルチパックアイス
3	商品名	スナック	亀田製菓柿の種スパイシーカレー210g	丸永白くまバーマルチ65ml×6	プリン	プリン
	分類	スナック	つまみ菓子_他	マルチパックアイス	プリン	プリン
4	商品名	和風半・生菓子	和風半・生菓子	井村屋BOXあずきバー65ml×6	赤城ガリガリ君ソーダ65mlX7	赤城ガリガリ君ソーダ65mlX7
	分類	和風半・生菓子	和風半・生菓子	マルチパックアイス	マルチパックアイス	マルチパックアイス
5	商品名	グリコパピコチョココーヒー160ml	森永アイスカフェ・オ・レ50ml×8	ゼリー	赤城 ガリガリ君梨113ml	ロッテ爽バニラ190ml
	分類	ノベルティアイス	マルチパックアイス	ゼリー	ノベルティアイス	ノベルティアイス
6	商品名	亀田製菓柿の種スパイシーカレー210g	森永MOWモウバニラカップ150ml	森永パルムチョコバー55ml×6	森永ピノチョコアソート10ml×26	ヤマザキ串団子たれ3本
	分類	つまみ菓子_他	マルチパックアイス	マルチパックアイス	マルチパックアイス	和風半・生菓子
7	商品名	ゼリー	亀田製菓亀田の柿の種6袋230g	グリコパピコチョココーヒー160ml	グリコパピコチョココーヒー160ml	森永焼きプリン140g
	分類	ゼリー	つまみ菓子_他	ノベルティアイス	ノベルティアイス	プリン
8	商品名	ハーゲンダッツミニカップコーヒーミルク120m	スナック	赤城ガツン、とみかん60ml×5	明治エッセルスーパーカップ超バニラ200ml	フタバサクレレモン200ml
	分類	プレミアムアイス	スナック	マルチパックアイス	ノベルティアイス	ノベルティアイス
9	商品名	森永ラムネバー50mlX10	ヤマザキ串団子たれ3本	亀田製菓柿の種スパイシーカレー210g	明治エッセルマルチバニラ90ml×6	牛乳屋さんがつくったカフェオレソフト180ml
	分類	マルチパックアイス	和風半・生菓子	つまみ菓子_他	マルチパックアイス	ノベルティアイス
10	商品名	赤城ガリガリ君ソーダ65mlX7	プリン	洋風半・生菓子	森永タニタアイスあずき120ml	水産つまみ菓子
	分類	マルチパックアイス	プリン	洋風半・生菓子	ノベルティアイス	水産つまみ菓子

③ 店舗41（7・8月）

順位	商品	30代	40代	50代	60代	70代
1	商品名	洋風半・生菓子	洋風半・生菓子	洋風半・生菓子	和風半・生菓子	和風半・生菓子
	分類	洋風半・生菓子	洋風半・生菓子	洋風半・生菓子	和風半・生菓子	和風半・生菓子
2	商品名	和風半・生菓子	ロッテハーシーDXモカC140ml	洋風半・生菓子	洋風半・生菓子	井村屋BOXあずきバー65ml×6
	分類	和風半・生菓子	ノベルティアイス	和風半・生菓子	洋風半・生菓子	マルチパックアイス
3	商品名	ロッテハーシーDXモカC140ml	和風半・生菓子	ロッテハーシーDXモカC140ml	赤城ガリガリ君ソーダ65ml×7	洋風半・生菓子
	分類	ノベルティアイス	和風半・生菓子	ノベルティアイス	マルチパックアイス	洋風半・生菓子
4	商品名	メイトープレミアムホームランバークッキー90ml	グリコジャイアントコーンアソート140ml	森永アイスガイ三ツ矢サイダーレモン	ロッテとろ〜りれん乳三昧宇治金時65ml×6	赤城ガリガリ君ソーダ113ml
	分類	ノベルティアイス	ノベルティアイス	ノベルティアイス	マルチパックアイス	ノベルティアイス
5	商品名	ロッテスイカ&メロンバー	ヤマザキ新まるごとバナナ	赤城ガリガリ君梨113ml	森永チョコモナカジャンボ150ml	プリン
	分類	マルチパックアイス	洋風半・生菓子	ノベルティアイス	ノベルティアイス	プリン
6	商品名	ロッテハーシーチョコレートバー46ml×4	ロッテハーシーチョコレートバー46ml×4	森永ドトールフローズンカフェオレ165ml	ロッテマルシェスタンダード113ml	森永栗入あずきモナカ130ml
	分類	マルチパックアイス	マルチパックアイス	ノベルティアイス	ノベルティアイス	ノベルティアイス
7	商品名	グリコパピコホワイトサワー160ml	森永ベイク<ショコラ>TTP130g	井村屋BOXあずきバー65ml×6	ヤマザキ新まるごとバナナ	赤城ガリガリ君梨113ml
	分類	ノベルティアイス	チョコレート	マルチパックアイス	洋風半・生菓子	ノベルティアイス
8	商品名	グリコパピコチョココーヒー160ml	メイトープレミアムホームランバークッキー90ml	メイトーはちみつレモン&ヨーグルト50ml×6	井村屋BOXあずきバー65ml×6	森永焼きプリン140g
	分類	ノベルティアイス	ノベルティアイス	マルチパックアイス	マルチパックアイス	プリン
9	商品名	ロッテカルピスアイスバー45ml×10	メイトーはちみつレモン&ヨーグルト50ml×6	ロッテクーリッシュ抹茶ラテ味140ml	プリン	たらみくだもの屋さんみかんゼリー160g
	分類	マルチパックアイス	マルチパックアイス	ノベルティアイス	プリン	ゼリー
10	商品名	Bくだものだより果汁100%70g×10	グリコパピコチョココーヒー160ml	ヤマザキ新まるごとバナナ	メイトーはちみつレモン&ヨーグルト50ml×6	鳩屋カリカリぴーなつ徳用カップ450g
	分類	菓子_他	ノベルティアイス	洋風半・生菓子	マルチパックアイス	豆菓子

④ 店舗45（7・8月）

順位	商品	30代	40代	50代	60代	70代
1	商品名	グリコパピコチョココーヒー 160ml	グリコジャイアントコーンアソート140ml	井村屋BOXあずきバー 65ml×6	井村屋BOXあずきバー 65ml×6	和風半・生菓子
	分類	ノベルティアイス	ノベルティアイス	マルチパックアイス	マルチパックアイス	和風半・生菓子
2	商品名	明治エッセルスーパーカップ超バニラ200ml	ロッテカルピスアイスバー 45ml×10	赤城ガリガリ君ソーダ65ml×7	和風半・生菓子	井村屋BOXあずきバー 65ml×6
	分類	ノベルティアイス	マルチパックアイス	マルチパックアイス	和風半・生菓子	マルチパックアイス
3	商品名	ロッテドールもりだくさんフルーツ384ml	赤城ガツン、とみかん60ml×5	森永ドトールフローズンカフェオレ165ml	グリコガリガリ君リッチいちごゼリー 110ml	森永チョコモナカジャンボ150ml
	分類	マルチパックアイス	マルチパックアイス	ノベルティアイス	ノベルティアイス	ノベルティアイス
4	商品名	森永ラムネバー 50ml×10	森永チョコモナカジャンボ150ml	クラシエかき氷バーいちご455ml	赤城ブラック83ml	ロッテ爽バニラ190ml
	分類	マルチパックアイス	ノベルティアイス	マルチパックアイス	ノベルティアイス	ノベルティアイス
5	商品名	明治うずまきソフトチョコ420ml	グリコパピコチョココーヒー 160ml	丸永白くまバーマルチ65ml×6	グリコパピコチョココーヒー 160ml	メイトー雪細工いちご200ml
	分類	マルチパックアイス	ノベルティアイス	マルチパックアイス	ノベルティアイス	ノベルティアイス
6	商品名	ヨーロピアンシュガーコーンバニラ56ml×5	明治エッセルスーパーカップ超バニラ200ml	赤城ガリガリ君梨113ml	明治エッセルマルチバニラ90ml×6	プリン
	分類	マルチパックアイス	ノベルティアイス	ノベルティアイス	マルチパックアイス	プリン
7	商品名	森永アイスカフェ・オ・レ50ml×8	森永ラムネバー 50ml×10	ロッテハーシーチョコレートバー 385ml	ロッテとろ～りれん乳三昧宇治金時65ml×6	オハヨー塩グレープフルーツ
	分類	マルチパックアイス	マルチパックアイス	マルチパックアイス	マルチパックアイス	マルチパックアイス
8	商品名	明治プリン70g×3P	森永フルーツパルムストロベリー 60ml×6	グリコカフェラティエ87ml×6	赤城ガリガリ君ソーダ65ml×7	赤城ガツン、とみかん60ml×5
	分類	プリン	マルチパックアイス	マルチパックアイス	マルチパックアイス	マルチパックアイス
9	商品名	森永チョコモナカジャンボ150ml	明治うずまきソフトチョコ420ml	赤城シャビィオレンジ11200ml	丸永白熊みぞれカップ145ml	ロッテしらゆきれん乳ホワイト150ml
	分類	ノベルティアイス	マルチパックアイス	ノベルティアイス	ノベルティアイス	ノベルティアイス
10	商品名	赤城ガリガリ君ソーダ113ml	ロッテぎゅぎゅっとスタンダード110ml	グリコジャイアントコーンアソート140ml	森永チョコモナカジャンボ150ml	森永焼きプリン140g
	分類	ノベルティアイス	ノベルティアイス	ノベルティアイス	ノベルティアイス	プリン

⑤ 店舗46（7・8月）

順位	商品	30代	40代	50代	60代	70代
1	商品名	森永パリパリバーバニラ48ml×8	ロッテしらゆきれん乳ホワイト150ml	和風半・生菓子	井村屋ＢＯＸあずきバー65ml×6	フタバサクレレモン200ml
	分類	マルチパックアイス	ノベルティアイス	和風半・生菓子	マルチパックアイス	ノベルティアイス
2	商品名	グリコパピコチョココーヒー160ml	洋風半・生菓子	フタバサクレレモン200ml	和風半・生菓子	和風半・生菓子
	分類	ノベルティアイス	洋風半・生菓子	ノベルティアイス	和風半・生菓子	和風半・生菓子
3	商品名	グリコパピコホワイトサワー160ml	グリコパピコチョココーヒー160ml	森永パルムチョコバー55ml×6	プリン	井村屋ＢＯＸあずきバー65ml×6
	分類	ノベルティアイス	ノベルティアイス	マルチパックアイス	プリン	マルチパックアイス
4	商品名	森永チョコモナカジャンボ150ml	森永パルムチョコバー55ml×6	ロッテ爽バニラ190ml	赤城ガリガリ君ソーダ65ml×7	水産つまみ菓子
	分類	ノベルティアイス	マルチパックアイス	ノベルティアイス	マルチパックアイス	水産つまみ菓子
5	商品名	ブルボンくだものいっぱいゼリーみかん185g	グリコアイスの実アソート84ml	ロッテマルシェスタンダード113ml	フタバサクレレモン200ml	伍魚福特・一夜干焼きいか150g
	分類	ゼリー	ノベルティアイス	ノベルティアイス	ノベルティアイス	水産つまみ菓子
6	商品名	ブルボンアルフォートFS215g	グリコジャイアントコーンアソート140ml	グリコパピコチョココーヒー160ml	森永パルムチョコバー55ml×6	プリン
	分類	チョコレート	ノベルティアイス	ノベルティアイス	マルチパックアイス	プリン
7	商品名	ロッテドールもりだくさんフルーツ384ml	グリコパピコホワイトサワー160ml	井村屋ＢＯＸあずきバー65ml×6	洋風半・生菓子	亀田製菓亀田の柿の種6袋230g
	分類	マルチパックアイス	ノベルティアイス	マルチパックアイス	洋風半・生菓子	つまみ菓子_他
8	商品名	ロッテハーシーチョコレートバー385ml	森永ＭＯＷモウバニラカップ150ml	森永ＭＯＷモウバニラカップ150ml	亀田製菓亀田の柿の種6袋230g	ロッテそら〜りれん乳三昧苺れん乳65ml×6
	分類	マルチパックアイス	ノベルティアイス	ノベルティアイス	つまみ菓子_他	マルチパックアイス
9	商品名	オハヨージャージー牛乳バー40ml×7	森永チョコモナカジャンボ150ml	モンテールとろ生カステラ5個	ヤマザキ串団子たれ3本	佐々木三色せんべい7枚
	分類	マルチパックアイス	ノベルティアイス	和風半・生菓子	和風半・生菓子	和風乾菓子
10	商品名	洋風半・生菓子	牛乳と卵のカスタード＆ホイップシュー1個	ハーゲンダッツミニカップマルチブルー75ml×6	メイトーパティシエラムレーズン140ml	ハーゲンダッツミニカップバニラ120ml
	分類	洋風半・生菓子	洋風半・生菓子	プレミアムアイス	ノベルティアイス	プレミアムアイス

　7・8月は夏場なので、「アイスクリーム系」の売上が多いことが分かります。特に若い年代が購入するケースが多く、種類も「マルチパックアイス」が多くなっています。高齢になるとアイスでも「あずきバー」が上位になり、「ノベルティアイス」も多くなります。また、アイス以外の物も多くなっており、「和風半・生菓子」は定番のようです。

3-5　多重クロス集計　139

次に寒い季節(11・12月)はどうなっているのかを分析してみます。

① 全体(11・12月)

順位	商品	30代	40代	50代	60代	70代
1	商品名	洋風半・生菓子	洋風半・生菓子	洋風半・生菓子	和風半・生菓子	和風半・生菓子
	分類	洋風半・生菓子	洋風半・生菓子	洋風半・生菓子	和風半・生菓子	和風半・生菓子
2	商品名	和風半・生菓子	亀田製菓亀田の柿の種6袋210g	和風半・生菓子	水産つまみ菓子	水産つまみ菓子
	分類	和風半・生菓子	つまみ菓子_他	和風半・生菓子	水産つまみ菓子	水産つまみ菓子
3	商品名	明治プリン70g×3P	和風半・生菓子	亀田製菓亀田の柿の種6袋210g	洋風半・生菓子	伍魚福特・一夜干焼きいか150g
	分類	プリン	和風半・生菓子	つまみ菓子_他	洋風半・生菓子	水産つまみ菓子
4	商品名	亀田製菓亀田の柿の種6袋210g	ヤマザキ新まるごとバナナ	水産つまみ菓子	亀田製菓亀田の柿の種6袋210g	ヤマザキ焼菓子饅頭ミックス5個
	分類	つまみ菓子_他	洋風半・生菓子	水産つまみ菓子	つまみ菓子_他	和風半・生菓子
5	商品名	ネスレキットカットミニオトナの甘さ12枚	ロッテハーシーチョコレートバー385ml	ヤマザキ新まるごとバナナ	ヤマザキ新まるごとバナナ	亀田製菓亀田の柿の種6袋210g
	分類	チョコレート	マルチパックアイス	洋風半・生菓子	洋風半・生菓子	つまみ菓子_他
6	商品名	ナビスコチップスターしうすしお115g	行事菓子	フルーツ缶	ヤマザキ串団子たれ3本	洋風半・生菓子
	分類	スナック	行事菓子	フルーツ缶	和風半・生菓子	洋風半・生菓子
7	商品名	バンダイアイカツデータカードダスグミ10g	グリコジャイアントコーンアソート140ml	ネスレキットカットミニ袋15枚	行事菓子	ヤマザキ串団子たれ3本
	分類	子供菓子	ノベルティアイス	チョコレート	行事菓子	和風半・生菓子
8	商品名	森永チョコモナカジャンボ150ml	オハヨーハーシーチョコプリン70g×4	ロッテハーシーチョコレートバー385ml	フルーツ缶	米菓
	分類	ノベルティアイス	プリン	マルチパックアイス	フルーツ缶	米菓
9	商品名	ロッテチョコパイパーティーパック9個	カルビーじゃがりこサラダ60g	牛乳と卵のカスタード&ホイップシュー1個	ヤマザキ焼菓子饅頭ミックス5個	フタバサクレレモン200ml
	分類	洋風乾菓子	スナック	洋風半・生菓子	和風半・生菓子	ノベルティアイス
10	商品名	ネスレキットカットミニ袋15枚	ニチレイスイートポテト90g	チョコレート	ロッテラミー2本	ホテイゆであずき北海道産T1430g
	分類	チョコレート	洋風冷凍菓子	チョコレート	チョコレート	あん

140　　**3　ビッグデータの分析**

② 店舗40（11・12月）

順位	商品	30代	40代	50代	60代	70代
1	商品名	ゼリー	洋風半・生菓子	洋風半・生菓子	和風半・生菓子	ロビアフィエルテ絹ごしプリンカップ1個
	分類	ゼリー	洋風半・生菓子	洋風半・生菓子	和風半・生菓子	プリン
2	商品名	和風半・生菓子	ゼリー	亀田製菓亀田の柿の種6袋210g	チロルチョコきなこもち袋9個	洋風半・生菓子
	分類	和風半・生菓子	ゼリー	つまみ菓子_他	チョコレート	洋風半・生菓子
3	商品名	ネスレキットカットミニオトナの甘さ12枚	亀田製菓亀田の柿の種6袋210g	菓道お好みセット6個	亀田製菓亀田の柿の種6袋210g	ヤマザキ焼菓子饅頭ミックス5個
	分類	チョコレート	つまみ菓子_他	菓子関連_他	つまみ菓子_他	和風半・生菓子
4	商品名	洋風半・生菓子	行事菓子	和風半・生菓子	洋風半・生菓子	和風半・生菓子
	分類	洋風半・生菓子	行事菓子	和風半・生菓子	洋風半・生菓子	和風半・生菓子
5	商品名	亀田製菓亀田の柿の種6袋210g	チロルチョコきなこもち袋9個	チョコレート	行事菓子	NIS栗甘露煮500g
	分類	つまみ菓子_他	チョコレート	チョコレート	行事菓子	フルーツ缶
6	商品名	ネスレキットカットミニ袋15枚	和風半・生菓子	ゼリー	でん六甘納豆小袋235g	アイネットかわり玉75g
	分類	チョコレート	和風半・生菓子	ゼリー	和風半・生菓子	キャンディ
7	商品名	チロルチョコきなこもち袋9個	ロッテハーシーチョコレートバー385ml	チロルチョコきなこもち袋9個	味の花壇鈴焼180g	亀田製菓亀田の柿の種6袋210g
	分類	チョコレート	マルチパックアイス	チョコレート	和風乾菓子	つまみ菓子_他
8	商品名	カルビーベジップスさつまいもとかぼちゃ35g	ヤマザキ新まるごとバナナ	伍魚福特・一夜干焼きいか150g	ヤマザキ串団子たれ3本	木村屋アンドーナツ1個
	分類	スナック	洋風半・生菓子	水産つまみ菓子	和風半・生菓子	和風半・生菓子
9	商品名	フルタチョコエッグNEWSPマリオブ20g	チョコレート	ハーゲンダッツマルチクッキーバーティー6個	チョコレート	ヤマザキ串団子たれ3本
	分類	子供菓子	チョコレート	プレミアムアイス	チョコレート	和風半・生菓子
10	商品名	亀田製菓亀田の柿の種梅しそ6袋192g	ニチレイスイートポテト90g	なとりあたりめ39g	水産つまみ菓子	伍魚福特・一夜干焼きいか150g
	分類	つまみ菓子_他	洋風冷凍菓子	水産つまみ菓子	水産つまみ菓子	水産つまみ菓子

3-5　多重クロス集計

③ 店舗41（11・12月）

順位	商品	30代	40代	50代	60代	70代
1	商品名	洋風半・生菓子	洋風半・生菓子	洋風半・生菓子	洋風半・生菓子	和風半・生菓子
	分類	洋風半・生菓子	洋風半・生菓子	洋風半・生菓子	洋風半・生菓子	和風半・生菓子
2	商品名	バンダイアイカツデータカードダスグミ10g	ヤマザキ新まるごとバナナ	和風半・生菓子	和風半・生菓子	洋風半・生菓子
	分類	子供菓子	洋風半・生菓子	和風半・生菓子	和風半・生菓子	洋風半・生菓子
3	商品名	和風半・生菓子	ロッテ爽マルチストロベリー360ml	水産つまみ菓子	水産つまみ菓子	フルーツ缶
	分類	和風半・生菓子	マルチパックアイス	水産つまみ菓子	水産つまみ菓子	フルーツ缶
4	商品名	栗山米菓間食健美十六穀96g	亀田製菓亀田の柿の種6袋210g	亀田製菓亀田の柿の種6袋210g	ヤマザキ新まるごとバナナ	三幸製菓三幸の海苔巻90g
	分類	米菓	つまみ菓子_他	つまみ菓子_他	洋風半・生菓子	米菓
5	商品名	森永おっとっとくうすしお味>54g	オハヨーハーシーチョコプリン70g×4	ヤマザキ新まるごとバナナ	ロッテラミー2本	鳩屋カリカリぴーなつ徳用カップ450g
	分類	スナック	プリン	洋風半・生菓子	チョコレート	豆菓子
6	商品名	カルビーじゃがりこサラダ60g	クリートくらし満足フレンチクルーラー7個	ロッテ爽マルチストロベリー360ml	亀田製菓亀田の柿の種6袋210g	水産つまみ菓子
	分類	スナック	洋風半・生菓子	マルチパックアイス	つまみ菓子_他	水産つまみ菓子
7	商品名	丸中製菓クリスマスメイプルワッフル5個	和風半・生菓子	フルーツ缶	行事菓子	木村おかき久助220g
	分類	行事菓子	和風半・生菓子	フルーツ缶	行事菓子	米菓
8	商品名	クリートくらし満足フレンチクルーラー7個	行事菓子	ロッテドールカジュフルオレンジ＆白桃390ml	フルーツ缶	米菓
	分類	洋風半・生菓子	行事菓子	マルチパックアイス	フルーツ缶	米菓
9	商品名	栗山米菓間食健美黒ごま96g	バンダイアイカツデータカードダスグミ10g	オハヨーこんがりバニラプリン70g×4P	福寿屋長崎カステラ切り落とし	安曇野リトルアジアココナッツミルク160g
	分類	米菓	子供菓子	プリン	和風半・生菓子	洋風半・生菓子
10	商品名	明治プリン70g×3P	亀田製菓亀田の柿の種わさび6袋192g	チョコレート	ヤマザキ焼菓子饅頭ミックス5個	亀田製菓亀田の柿の種6袋210g
	分類	プリン	つまみ菓子_他	チョコレート	和風半・生菓子	つまみ菓子_他

④ 店舗45（11・12月）

順位	商品	30代	40代	50代	60代	70代
1	商品名	パスコクリスマス苺5号1個	グリコジャイアントコーンアソート140ml	グリコバニラティエ87ml×6	水産つまみ菓子	伍魚福特・一夜干焼きいか150g
	分類	行事菓子	ノベルティアイス	マルチパックアイス	水産つまみ菓子	水産つまみ菓子
2	商品名	明治プリン70g×3P	ブルボンアルフォートFS204g	フルタ生クリームチョコ224g	和風半・生菓子	和風半・生菓子
	分類	プリン	チョコレート	チョコレート	和風半・生菓子	和風半・生菓子
3	商品名	赤城ガツン、とみかん60ml×5	森永チョコモナカジャンボ150ml	グリコショコラティエ87ml×6	カンロ金のミルクキャンディ80g	赤城ガツン、とみかん60ml×5
	分類	マルチパックアイス	ノベルティアイス	マルチパックアイス	キャンディ	マルチパックアイス
4	商品名	森永チーズスティック71ml	ロッテ雪見だいふくカラメルプリン94ml	和風半・生菓子	チョコレート	はごろもゆであずき190g
	分類	ノベルティアイス	ノベルティアイス	和風半・生菓子	チョコレート	あん
5	商品名	ロッテチョコパイパーティーパック9個	ロッテチョコパイパーティーパック9個	ネスレキットカットミニ袋15枚	なとり皮付きさきいか71g	龍角散龍角散ののどすっきり飴88g
	分類	洋風乾菓子	洋風乾菓子	チョコレート	水産つまみ菓子	キャンディ
6	商品名	森永チョコモナカジャンボ150ml	ロッテハーシーチョコレートバー385g	プレシア4つに切れてるフルーツロール	レディーボーデンバイントバニラ470ml	ヤマザキ焼菓子饅頭ミックス5個
	分類	ノベルティアイス	マルチパックアイス	洋風半・生菓子	ホームタイプアイス	和風半・生菓子
7	商品名	グリコショコラティエ87ml×6	ロッテ雪見だいふくクッキークリーム94ml	ブルボンアルフォートFS204g	ヤマザキ新まるごとバナナ	水産つまみ菓子
	分類	マルチパックアイス	ノベルティアイス	チョコレート	洋風半・生菓子	水産つまみ菓子
8	商品名	グリコパピコチョココーヒー160ml	和風半・生菓子	水産つまみ菓子	伍魚福特・一夜干焼きいか150g	ロッテ爽バニラ190ml
	分類	ノベルティアイス	和風半・生菓子	水産つまみ菓子	水産つまみ菓子	ノベルティアイス
9	商品名	ヨーロピアンシュガーコーンバニラ56ml×5	プリン	牛乳と卵のカスタード&ホイップシュー1個	ヤマザキ串団子たれ3本	栗山米菓ばかうけ青のり2枚×9袋
	分類	マルチパックアイス	プリン	洋風半・生菓子	和風半・生菓子	米菓
10	商品名	ブルボンアルフォートFS204g	明治うずまきソフトチョコ420ml	明治ベストスリー袋191g	クリート新NTS焼き貝ひも26g	伍魚福やわらかおつまみ鱈90g
	分類	チョコレート	マルチパックアイス	チョコレート	水産つまみ菓子	水産つまみ菓子

3-5　多重クロス集計　143

⑤ 店舗46（11・12月）

順位	商品	30代	40代	50代	60代	70代
1	商品名	カルビーじゃがりこチーズ58g	グリコアイスの実アソート84ml	明治たけのこの里77g	亀田製菓亀田の柿の種6袋210g	フタバサクレレモン200ml
	分類	スナック	ノベルティアイス	チョコレート	つまみ菓子_他	ノベルティアイス
2	商品名	明治エッセルマルチバニラ90ml×6	カルビーじゃがりこサラダ60g	亀田製菓亀田の柿の種6袋210g	水産つまみ菓子	水産つまみ菓子
	分類	マルチパックアイス	スナック	つまみ菓子_他	水産つまみ菓子	水産つまみ菓子
3	商品名	オハヨー生チョコがおいしいアイスバー40ml×6	グリコジャイアントコーンアソート140ml	オハヨーハーシーチョコプリン70g×4	和風半・生菓子	赤城ガリガリ君梨65ml×7
	分類	マルチパックアイス	ノベルティアイス	プリン	和風半・生菓子	マルチパックアイス
4	商品名	ロッテポケモンウエハースチョコ1枚	亀田製菓亀田の柿の種6袋210g	不二家ルックアラモードファミリー204g	あん	ホテイゆであずき北海道T1430g
	分類	子供菓子	つまみ菓子_他	チョコレート	あん	あん
5	商品名	ロッテパイの実シェアパック160g	牛乳と卵のカスタード&ホイップシュー1個	牛乳と卵のカスタード&ホイップシュー1個	岩塚しょうゆ揚げもち112g	伍魚福特・一夜干焼きいか150g
	分類	チョコレート	洋風半・生菓子	洋風半・生菓子	米菓	水産つまみ菓子
6	商品名	ロッテミニ雪見だいふく270ml	行事菓子	扇雀飴ダイエットココア80g	ヤマザキ串団子たれ3本	亀田製菓亀田の柿の種6袋210g
	分類	マルチパックアイス	行事菓子	キャンディ	和風半・生菓子	つまみ菓子_他
7	商品名	ロピアプチティラミス1個	森永パルムチョコバー55ml×6	水産つまみ菓子	ロピアプチフルーツプリン1個	米菓
	分類	洋風半・生菓子	マルチパックアイス	水産つまみ菓子	プリン	米菓
8	商品名	栗山米菓ばかうけアソート40枚	森永チョコモナカジャンボ150ml	天乃屋歌舞伎揚袋11枚	メイトーパティシエラムレーズン140ml	ヤマザキ串団子たれ3本
	分類	米菓	ノベルティアイス	米菓	ノベルティアイス	和風半・生菓子
9	商品名	カルビーじゃがりこ明太クリーム52g	オハヨー生チョコがおいしいアイスバー40ml×6	ナビスコリッツL75枚	ミヤト本造り黒糖袋200g	伍魚福や わらか甘酢いか70g
	分類	スナック	マルチパックアイス	ビスケット	和風乾菓子	水産つまみ菓子
10	商品名	ロッテ雪見だいふくカラメルプリン94ml	水産つまみ菓子	モンテールとろ生カステラ5個	フルーツ缶	ヤマザキどら焼
	分類	ノベルティアイス	水産つまみ菓子	和風半・生菓子	フルーツ缶	和風半・生菓子

　11・12月は、7・8月と比べるとアイスの売上が少なくなっています。しかし、「店舗45」と「店舗46」の若い世代では、アイスの売り上げの割合が多くなっています。7・8月では、他の店舗も多かったので認識できませんでしたが、11・12月を調べることにより、こうした特性を認識することができました。

　原因については、現状のデータだけでは推定できません。おそらく、その地域の特性（大規模なスポーツ施設があるなど）によるものではないかと思われます。

また、高齢者は、「和風半・生菓子」や「つまみ菓子」の売上が上位を占めています。これは、7・8月にもその傾向はありましたが、アイスの影響で認識することができませんでした。

　このように、「売れ筋商品」を見極めるためには、年代や季節を考慮する必要があります。また、場合によってはその地域の特性も考慮する必要があります。

Chapter 4

アソシエーション分析

　3章で使用したデータは、「嗜好食品」の内の「菓子」データを4店舗、半年間分集めたID-POSデータでした。流通業界では、ID-POSデータを使い「アソシエーション分析（バスケット分析）」を行い、その結果を棚割りなどに活用しています。

　今回はID-POSデータがあるので、このデータを使って「アソシエーション分析」を行います。最初に「アソシエーション分析」とはどのようなものなのかを簡単に説明し、Excelでどこまでできるかを見極めてみたいと思います。

4-1 アソシエーション分析とは
4-2 Excelでの分析
4-3 Excelの限界
4-4 Adam-WebOLAP plus Report
4-5 Adam-WebOLAP plus Reportを使った
　　　 バスケット分析

4-1

アソシエーション分析とは

「アソシエーション分析」とは、関連性を分析する手法です。本来は大量のID-POSデータを分析するために考え出されたもので、膨大なデータの中から意味のある関連性を見出すことができます。このようなID-POSデータを分析する手法を「マーケットバスケット分析(単に「バスケット分析」ともいう)」と言い、「アソシエーション分析」の一部です(以降、アソシエーション分析＝バスケット分析として扱います)。

ID-POSデータでは、商品とその商品の売れた個数などが分かり、個数を集計すると「売れ筋商品」と思われるものが分かります。しかし、商品間の関連性、たとえば「商品Aが買われると商品Bも一緒に買われることが多い」などといったようなことは、このままでは分かりません。そこで、「アソシエーションルール」とよばれるものを考え、そのルールの関連性を評価する考え方が生まれました。

このルールとは、A・Bを事象として「もしAならばBである」、あるいは「Aという条件の時Bが起こる」ということで、「A⇒B」と表します(Aを条件部、Bを結論部という)。事象は、2つ以上でも問題なく、「もしAかつBならば、Cである((AかつB)⇒C)」でもかまいません。たとえば、「パンと缶コーヒーを買う人は、一緒にサラダも買う」といったようなルールでも問題ありません。このような多数のルールの中から有益なルールを評価判断するために、指標が必要になります。

その指標として、「支持度」・「信頼度」・「リフト値」が考えられました。これらの指標について具体的な例を元に説明します。

① 支持度(support)

「支持度」とは、全体の中で、AとBが同時に買われる確率で、次のようになります。

148　**4**　アソシエーション分析

レシートNo	購入商品			
	A	B	C	D
1	○	○		
2	○			
3	○		○	○
4		○	○	
5	○			○
6		○		
7	○	○		○
8				○
9	○	○	○	
10	○	○	○	○

支持度(A⇒B)=(AとBが同時にあるデータ数)／全データ数

例では、
・AとBが同にあるデータ数＝4（レシートNo 1・7・9・10）
・全データ数＝10
なので次のようになります。

支持度(A⇒B)=4／10=0.4

「支持度」が高くなると、Aを買うとBも買う人が多くなります。しかし逆に低くなると起こり難くなるので、ビジネス上面白味がなくなります。

② 期待信頼度(expected confidence)

「期待信頼度」とは、全体の中で、Bが買われる確率で、次のようになります。

期待信頼度(B)=(Bのデータ数)／全データ数

例では、
・Bのデータ数＝6（レシートNo 1・4・6・7・9・10）
・全データ数＝10
なので次のようになります。

期待信頼度(B)=6／10=0.6

「期待信頼度」が高ければ、Bを買う人が多いことになります。

③ 信頼度（confidence）

「信頼度」とは、(A⇒B)とすると、Aが買われた中で、Bが買われた確率で、次のようになります。

信頼度(A⇒B)=(AとBが同時にあるデータ数) / Aのデータ数

例では
・AとBが同時にあるデータ数＝4（レシートNo 1・7・9・10）
・Aのデータ数＝7（レシートNo 1・2・3・5・7・9・10）
なので、次のようになります。

信頼度(A⇒B)=4 / 7=0.57

「支持度」が低くても、「信頼度」が高い場合は、Aを買うと、ほぼBも買うことになります。しかし、Bを買う人が多い場合は、「信頼度」も「支持度」も上がり、多くの人がAもBも買うことになり、特に拡販の企画は必要ないように思われます。逆に、Bを買う人が少ない場合は、「信頼度」が低下するので、Aとの併売といったプロモーションを企画できる可能性があります。

このように、「信頼度」は関連性を調べる重要な値ですが、注意が必要です。このような問題点をチェックする指標として次の「リフト値」があります。

④ リフト値（lift）

「リフト値」とは、Aと一緒にBも購入した人の割合（信頼度(A⇒B)）は、全てのデータの中でBを購入した人の割合よりどれだけ多いかを倍率で示したものであり、次のようになります。

リフト値=信頼度(A⇒B) / 期待信頼度(B)

例では、

・信頼度(A⇒B)=4／7
・期待信頼度(B)=6／10

なので、次のようになります。

リフト値=(4／7)／(6／10)=20／21=0.95

「リフト値」が低ければ、Bが単独で売れており、たとえ「信頼度」が高いとしても、Aとの関連性はあまりないとみられます。

　一般的には、「リフト値」が1以上の場合は有効なルールとされています。
　このように、抽出されたアソシエーションルールは4つの指標を確認しながら、有益な物かどうかを判断します。
　しかし、ルールのもとになる事象(商品)の組み合わせは膨大になり、全ての組合せに対し、評価していると相当の時間がかかることが想定されます。そのため、膨大な組み合わせの中から、意味のある組合せかどうかを判断するため「Aprioriアルゴリズム」が考え出されました。
　この「Aprioriアルゴリズム」は、あまり起こらない組合せ(「支持度」が一定値以下のアイテムを含む組み合わせ)は、最初から「信頼度」を計算しないというものです。このような過程を経て、最終的には分析の目的なども考慮して、いくつかのルールを採用することになります。

4-1　アソシエーション分析とは

4-2

Excelでの分析

前節で説明したように、「バスケット分析（アソシエーション分析）」では、数値化されていない事象を、事象の出現回数で数値化し分析します。出現回数も事象単独の場合と事象の組み合わせの場合があり、それぞれの出現回数を求めています。

レシートNo	購入商品	・・・・・ （各種項目）
1	A	
1	B	
2	A	
3	A	
3	C	
3	D	
4	B	
4	C	
5	A	
5	D	
6	B	
7	A	
7	B	
7	D	
8	D	
9	A	
9	B	
9	C	
10	A	
10	B	
10	C	
10	D	

Excelでは、事象の組み合わせによる出現回数を求めるのが少々難しいです。そこで、事象の組み合わせによる出現回数を中心に、Excelを使用してバスケット分析を行うにはどのように行うのかについて調べてみます。使用するデータは、前節で使用したレシート10枚分のデータで、最初に実際のID-POSデータの構造と同じものを使用して分析します。

10枚のレシートがID-POSデータとしてある場合は、左図のように、商品名ごとにレシート番号があります。一枚のレシートで複数の商品を購入した場合は、商品の種類ごとにレシート番号が付くことになります。

152　　**4　アソシエーション分析**

レシートNo	購入商品			
	A	B	C	D
1	○	○		
2	○			
3	○		○	○
4		○	○	
5	○			○
6		○		
7	○			○
8				○
9	○	○	○	
10	○	○	○	○

　このままでは集計しにくいので、レシート番号ごとの購入商品の一覧を作成します。具体的には前節で示した表（左表）のようなものから集計します。この表の「○」を「1」に置き換えると集計しやすくなります。
　この変換を行うには、Excelのピボットテーブルを利用します。

4-2-1 ピボットテーブルによるデータ変換（集計可能な表形式への変換）

　Excelのシートに、レシートNoと購入商品の表（上記の左表）を作成し、次の操作を行います。

---

① 表中のセルをクリックし、［挿入］タブ→［テーブル］グループ→［ピボットテーブル］をクリックします。
② ［ピボットテーブルの作成］ダイアログボックスが表示されますので、ピボットテーブルの表示場所を指定します。
　（今回は、作成した表と同じシートに作成するので、［既存のワークシート（E）］にチェックを入れ、［場所］の右側にあるボタンをクリックします）
③ 新たな［ピボットテーブルの作成］ダイアログボックスが表示されますので、ピボットテーブルを表示させたいセルをクリックし（今回は、［D1］をクリックします）、＜閉じる＞ボタン（「×」）をクリックします。
④ 再度、［ピボットテーブルの作成］ダイアログボックスが表示されますので、＜OK＞ボタンをクリックします。
⑤ ［ピボットテーブルのフィールド］が表示されるので、「レシートNo」を［行］ボックス、「購入商品」を［列］ボックスへドラッグすると、［行ラベル］に［レシートNo］、［列ラベル］に［購入商品］の名前（A・B・C・D）が表示されます。

4-2 Excelでの分析

⑥ 表示を確認したら、フィールドの「購入商品」を[Σ値]ボックスヘドラッグします。レシートNoごとにどの商品が購入されたかが分かる前節の表になります。ただし、前は「○」で表現されていますが、今回は「1」で表現されています。

4-2-2 併売数

　次に作成した表で、併売されている商品の「併売数」を求めます。このためには、Excelの関数を使用して、ピボットテーブルの数値(「1」)を参照します。この時、操作を誤ってデータを壊すことを防ぐため、表をコピーし、コピーした表をもとに「併売数」を求めます。

　操作は次の通りです。なお、表はコピーしてセル「L1」に貼り付け、不要な行や列は削除し、「表頭」を付け見やすくしたものを使用します。

① 2つの商品の組み合わせごとに、同時に「1」があるかをレシートNo1 ～ 10まで調べます。
このため、商品「A ～ D」の内2つの組み合わせ（6通り）が分かるように、セル「S2」からセル「X2」まで見出しを記入します。

② はじめに、商品「A」と商品「B」の併売についてセル「S行」で調べます。
レシートNo1の商品「A」と商品「B」が両方「1」ならば、「1」を記入し、そうでなければ、「0」を記入します。
これと同じことをレシートNo10まで行います。最後に「1」の数を合計すると、商品「A」と商品「B」の「併売数」がわかります。
これらを行うために、セル「S3」に次の式を入力します。

=IF(AND(M3=1,N3=1),1,0)

＜Enter＞キーを押すと1が出力されます。
これをレシートNo10の並びのセル（S12）までコピーすると、結果が出ます（レシートNo1,7,9,10が商品「A」と商品「B」を併売していることが分かります）。
総計の行に、セル「S3 ～ S12」までの合計を出すとそれが商品「A」と商品「B」の併売数になります。
これは、次の式で求めることができます。

=SUM(S3:S12)

③ 次に商品「A」と商品「C」の併売について、「T行」で調べます。
商品「A」と商品「B」の併売の時使った式を使用すると簡単に求めることができます。この式は、表中のセルを相対参照しているために、式のあるセルを移動すると、移動した分だけ参照しているセルも移動します。
たとえば、式のセルが右に1つ移動すると、参照しているセルも右に1つ移動します。「N列」のセルは右に1つ移動すべきなので、そのままでよいですが、「M列」のセルは、移動すべきではなく固定しなければなりません。しかし、行に関しては式のセルが移動した分、参照しているセルも移動しなければなりません。このように、行または列を固定して参照する方式が「複合参照」で、「行」または「列」を表す英数字の前に「$」をつけることで指定が行えます。
今回は、商品「A」と商品「B」の併売を調べる式を修正し、それを商品「A」と商品「D」の併売を調べるセルまですべてコピーします。
(1) セル「S3」にある次の式の「M」の前に「$」を付け修正します。

=IF(AND(M3=1,N3=1),1,0)

修正後の式は、次のようになります。

=IF(AND($M3=1,N3=1),1,0)

(2) 修正した式をセル「S12」までコピーします（結果は変わりません）。
(3) セル「S3」から「S13」までをまとめて、「T列」、「U列」までコピーします。
これにより、商品「A」と商品「C」、および商品「A」と商品「D」の「併売数」が求められます。

4-2 Excelでの分析　155

④ 次に、商品「B」との併売を調べますが、最初に、3行目の商品「A」との併売を調べる式をコピーし、参照するセルを修正します。修正後の式は、次のようになります。

=IF(AND($N3=1,O3=1),1,0)

これを③と同様にコピーし、総計だけは右のセルをコピーすると商品「B」の併売数が求められます。

⑤ 最後の商品「C」と商品「D」の併売も④と同様に行うと完成します。

完成したものが下図になります。各商品の組合せごとの「併売数」、「各商品の売上点数」、「レシートの数」が分かるので「支持度」、「信頼度」、「リフト値」がわかります。ただし、「レシートの数」に関しては、今回は10枚と決めてあったので求めませんでしたが、本来ならばExcelの関数を使って求めることができます。使用する関数は、「COUNTA関数」を使います。

今回この「COUNTA関数」でレシートの枚数を求める式は、次のようになります。

=COUNTA(L3:L12)

4-2-3 バスケット分析

10枚のレシートを元に、各商品の組み合わせごとの「支持度」、「信頼度」、「リフト値」を求めます。求めるにあたり、表を整理し、求めた値を表示する表も作成します。結果は下図のようになります。

4-2-4 Excelでの実データ（お菓子のID-POSデータ）分析

「バスケット分析」では、「併売数」を求めることが重要でかつ手間がかかります。これは10枚のレシート分析を行った時にも理解できました。前章で使用した実データを分析する場合も、10枚のレシートを分析した時と同じ操作を行うと、分析が可能です。しかし、これはExcel2013を使用した場合であり、Excel2016の場合は、「併売数」を求める操作は少々複雑ですが、多くの商品の「併売数」を一度に求めることが可能になりました。その方法を次で紹介します。使用するデータは、前章で使用したお菓子のID-POSデータで、すでにExcelへ展開してあるとし、売れ筋30商品の併売のクロス表を作成します。

4-2 Excelでの分析　157

売れ筋30商品が含まれるID-POSデータの抽出

① 表内のセルをクリックし、［挿入］タブ→［テーブル］グループ→［ピボットテーブル］をクリックし、［ピボットテーブルの作成］ダイアログボックスが表示されますので、＜OK＞ボタンをクリックします（新規のワークシートにピボットテーブルを作成します）。

② ［ピボットテーブルのフィールド］の次の項目を各ボックスにドラッグします。
　(1)「商品名」を［行］ボックスにドラッグします。
　(2)「点数」を［Σ値］ボックスへドラッグします。
　「点数」が「合計」になっていることを確認します。
　「合計」になっていない場合は、＜▼＞ボタンをクリックし、［値フィールドの設定］から「合計」に修正します。

③ ［行ラベル］の右にある＜▼＞ボタンをクリックし、［値フィルター］→［トップテン］をクリックします。
　「トップテンフィルター（商品名）」ダイアログボックスが表示されますので、下図のように設定し、＜OK＞ボタンをクリックします。

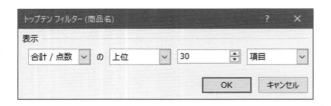

④ 売上点数の多い30商品が表示されますので、30商品すべてを選択し、選択した所を右クリックすると表示されるプルダウンメニューから［フィルター］→［選択した項目のみを保存］をクリックします。

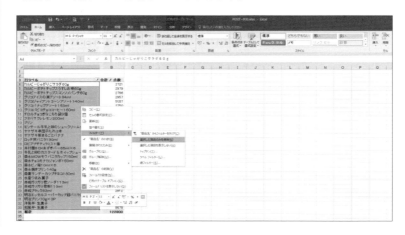

⑤ ピボットテーブルの「総計」の値「122800」をダブルクリックすると、絞り込んだ30商品のID-POSデータが得られます(下図のようにテーブルとして表示されます)。

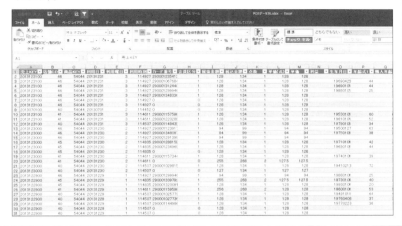

売れ筋30商品のバスケットデータの作成

① 表示されたテーブルの[データ]タブ→[データの取得と変換]グループ→[テーブルまたは範囲から]をクリックすると[クエリエディタ]が起動し、次のような画面が表示されます。

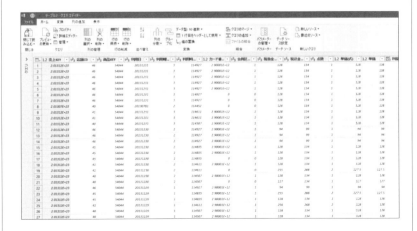

4-2 Excelでの分析　159

② 「売上KEY」の列が選択された状態で、[変換]タブ→[データ型]→[テキスト]をクリックすると[列タイプの変更]ダイアログボックスが表示されますので、＜現在のものを置換＞ボタンをクリックします(テーブル自体は変化なし)。

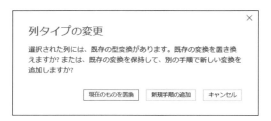

③ 「売上KEY」、「商品KEY」、「商品名」以外の列を選択し、[ホーム]タブ→[列の削除]をクリックします。
④ 3つの項目以外が削除されたら、画面右側の[クエリの設定]で、[プロパティ]の[名前]に「売れ筋30バスケット」と入力します。
⑤ 列名で「売上KEY」が表示されている箇所の右にある＜▼＞ボタンをクリックすると表示されるプルダウンメニューから[昇順で並べ替え]をクリックします。
⑥ 並べ替えが終了したら、[ホーム]タブ→[閉じる]グループ→[閉じて読み込み]をクリックします。クエリエディタが終了し、新しいシートにデータが表示されます。

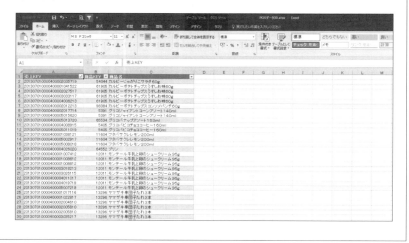

160   **4** アソシエーション分析

売れ筋30商品の併売データの作成

① [クエリツール]の[クエリ]タブ→[結合]をクリックすると[マージ]ダイアログボックスが表示されます。

② 上下とも＜▼＞ボタンをクリックし、[売れ筋30バスケット]を選択します。上下とも同じ表示になっていることを確認し、それぞれの[売上KEY]列を選択して＜OK＞ボタンをクリックします。

③ [クエリエディタ]が起動し、「売れ筋30バスケット」のデータが表示されます。「売上KEY」、「商品KEY」、「商品名」以外に「売れ筋30バスケット」が一番右に表示されますので、列名[売れ筋30バスケット]の右にある<▼>ボタンをクリックすると表示されるプルダウンメニューから[商品KEY]、[商品名]をチェックし、<OK>ボタンをクリックします。

④「売れ筋30バスケット」に代わり、「売れ筋30バスケット.商品KEY」、「売れ筋30バスケット.商品名」が追加されます。
　（1）追加されたのを確認した後、テーブルの右に表示されている、[クエリの設定]の[プロパティ]の[名前]に「売れ筋30併売」と入力します。
　（2）[クエリエディタ]の[列の追加]タブ→[全体]グループ→[条件列]をクリックします。

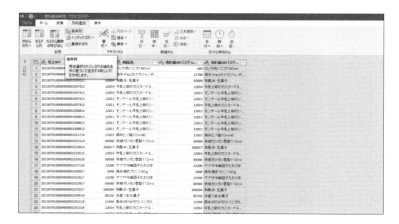

162　**4**　アソシエーション分析

⑤ [条件列の追加]ダイアログボックスが表示されます。
　フィルターの条件としては、[商品名]と[売れ筋30バスケット.商品名]が[指定の値と等しくない]場合に[ピボット対象データ]、それ以外の場合は[null]と出力するように指定します。
　次のように指定して＜OK＞ボタンをクリックします。

[指定する内容]
(1) [新しい列名]に「フィルタ」と入力します。
(2) [条件]　各項目の＜▼＞ボタンをクリックして次のように選択します。
　・列名：商品名
　・演算子：指定の値と等しくない
　・値：売れ筋30バスケット.商品
　・出力：ピボット対象データ
(3) [それ以外の場合]に「null」を選択します。

⑥ [フィルタ]列が追加されたテーブルが表示されますので、[ホーム]タブ→[閉じる]グループ→[閉じて読み込む]をクリックします。

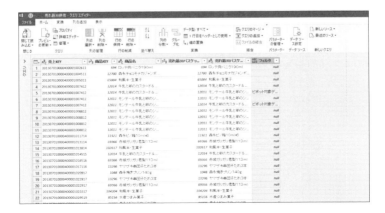

4-2 Excelでの分析　163

⑦ クエリエディタが終了し、新しいシートにデータが表示されます。

売れ筋30商品の併売クロス表の作成

① 新しくできたシートに対し、[挿入]タブ→[テーブル]グループ→[ピボットテーブル]をクリックします。
　[ピボットテーブルの作成]ダイアログボックスが表示されますので、<OK>ボタンをクリックします。
② ピボットテーブルが表示されますので、[ピボットテーブルのフィールド]の項目を次のようにボックスにドラッグします。
　（1）[フィルター]を[フィルター]ボックスにドラッグします。
　（2）[商品名]を[行]ボックスにドラッグします。
　（3）[売れ筋30バスケット.商品名]を[列]ボックスにドラッグします。
　（4）[売上KEY]を[Σ値]ボックスへドラッグします。
　[売上KEY]は[個数]になっていることを確認します。[個数]になっていない場合は、[値フィールドの設定]から[個数]に修正します。

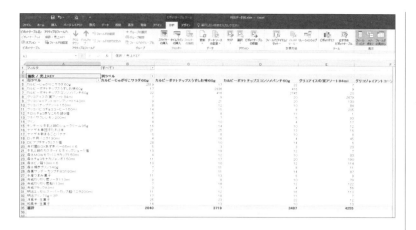

③ ピボットテーブルの[フィルター]横の<▼>ボタン((すべて)が表示されている)をクリックし、[ピボット対象データ]にだけチェックを入れます。
これで売れ筋30商品の併売クロス表ができました。しかし、「表頭」の「商品名」が横に長いため、見難くなっています。見やすくするために、レイアウトを変更します。

④ 「表頭」の「商品名」のセルを全て選択し、[ホーム]タブ→[セル]グループ→[書式]をクリックします。プルダウンメニューが表示されますので、[セルの書式設定]をクリックします。[セルの書式設定]ダイアログボックスが表示されますので、[配置]タブをクリックし、[方向]の縦書きの[文字列]をクリックして<OK>ボタンをクリックします。これで完成です。

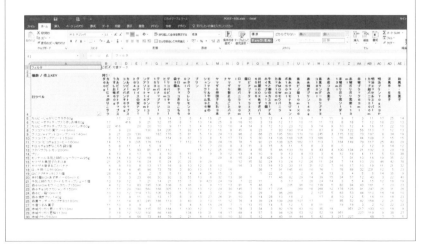

4-2 Excelでの分析 165

4-3
Excelの限界

　前節では、Excelを使用して「売れ筋30商品」の「併売クロス表」を作りました。「売上KEY」と「売れ筋30商品」のデータからピボットテーブルを利用して、各商品の売上点数が分かります。「売上KEY」からレシート枚数が分かりました。これらを使用すると「支持度」、「信頼度」、「リフト値」を計算することができます。

　しかし、実際に計算する場合は、データの並び方を工夫して計算しなければなりません。また、操作も煩雑になります。さらにでき上がった結果を見やすくすることも必要で、Excelで処理するには無理があります。

　今回使用したID-POSデータは、4店舗の半年分のお菓子のデータで80万件強ありますが、1年分、あるいは全商品を対象としたデータとなると、あっという間に100万件を超えてしまいます。Excelでは、このような100万件を超えるようなデータは扱うことができません。

　Microsoftでは、このような問題を解決するために「アソシエーション分析」も含めたデータマイニングツールを提供しています。これを利用すると、データのモデル化から実際の分析までが行えます。非常に良いツールではあるのですが、SQL Serverが必要となり、デスクトップパソコン単体では分析が行えません。さらに、SQL Serverを使用する場合は、費用が発生する可能性もあります。

　デスクトップパソコン単体で分析ができ、かつ費用が発生しないツールを探していたところ、ゼッタテクノロジー株式会社が販売している「Adam-WebOLAP plus Report」という製品が、デスクトップパソコン単体で利用可能であることが分かりました。さらに無償版もあり、これを使用しても実務上問題なく分析が行えることも分かりました。

　次節以降では、「Adam-WebOLAP plus Report」の紹介と、これを使用した実際の分析を行います。

166　**4**　アソシエーション分析

4-4

Adam-WebOLAP plus Report

4-4-1 特徴

「Adam-WebOLAP plus Report」は、大量のデータを高速に集計し、Web上で簡単かつ迅速に集計情報の可視化と共有を実現するミドルウェアです。利用者は、ExcelのピボットテーブルのようにOLAPレポートを対話的に利用して数値情報を共有することができます。

「Adam-WebOLAP plus Report無償版」では、「Adam-WebOLAP plus Report」の大部分の機能をほぼ制限なく利用することができます。また、Excelでは扱うことが困難な100万行を超えるレコードについても、制限なく利用することができます。その主な特徴は次の通りです。

① 集計表の同時作成

集計対象データを1回読み込むだけで、クロス表やリスト表など、異なる視点からの複数の集計表を同時に作成することができます。決算関連の資料の作成にも迅速に対応することが可能です。

② 表同士の表間演算など高度な処理も簡単に実行可能

表演算・表操作など集計ニーズを考慮し、配列演算や豊富な演算関数によるスクリプトの記述で、複雑な帳表も簡単に出力できます。たとえば、当年と前年の月別売上を集計・演算し、月別成長率を作成することも可能です。

4-4 Adam-WebOLAP plus Report   167

表の組み換え

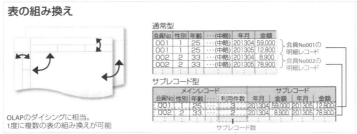

表内の項目の配置を行、列、ページ間で自由に組み換えできます。
項目の配置方法によりリスト表やクロス表が作成できます。

表の抽出

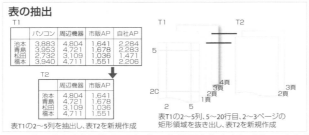

1つの表の中から必要な行、列、ページ、範囲を抜き出し、新しい表を作成します。

表内演算
(行・列・ページ・セル範囲で演算)

表間演算
(表全体と表全体で演算)

1つの表内で行、列、ページ、セル単位で演算した結果を表に出力します。

2つ以上の表全体をまとめて演算した結果を表に出力します。

表の結合

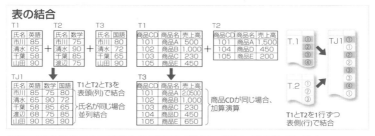

複数の表を条件ごとに集約したり単純に結合し、新しい表を作成します。

4 アソシエーション分析

③ 帳票に適合した表をExcel上に作成することが可能(Excelオーバーレイ*)

　Excelによる複雑な定型表(1シートに異なる複数表、軸の異なる表など)もExcelオーバーレイで簡単に作成することが可能です。雛形となるExcelにグラフを設定しておけば、自動的にグラフ出力することもできます。

＊Excelオーバーレイとは
Excelで作成した帳票テンプレートにCSVデータや任意の値を重ねて、Excel帳票を作成する機能です。
手作業によるExcelの加工やマクロ開発なしに、目的のExcel帳票を素早く作成できます。

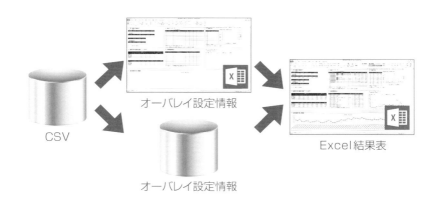

④ マウスによる簡単な操作

　Webブラウザ上からマウス操作で誰でも簡単に分析可能です。簡単かつ迅速に必要な情報を取得・共有することができます。

⑤ データ項目を表頭・表側へ自由に配置してレポート作成が可能

　データ項目を「表頭」、「表側」へ配置するだけで、新しい視点のデータ分析が行えます。分析結果は、カスタムレポートとして新規に保存することも可能です。

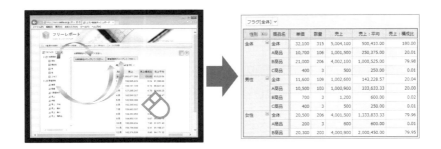

⑥ データさえあれば誰でも手軽に分析

WebブラウザからGUIによる簡単な操作で、対象データの集計設定を数ステップで行うことができます。分析未経験者でも、データさえあれば、すぐに分析を行うことができます。

⑦ 社内ポータルへの組み込み可能

　Web組み込みやメニュー等の拡張も簡単に実現できます。利用中の社内ポータルのHTMLファイルに数行記述するだけで集計表を組み込むことができます(製品に添付されているサンプルHTMLをそのまま使用することもできます)。この機能を利用することにより、社内の情報共有システムの構築が簡単にできます。

4-4-2 使い方

事前準備(インストール)

① ゼッタテクノロジー株式会社のホームページ (http://www.zetta.co.jp/) より、「Adam-WebOLAP plus Report無償版」をダウンロードします。
② ダウンロードしたZipファイルを任意のフォルダーに解凍し、「Adam-WebOLAP plus Report無償版」フォルダー内のsetup.exeを実行します。
③ 画面に表示されるセットアップウィザードの指示に従い、「Adam-WebOLAP plus Report無償版」をインストールします。
④ 続いて、「Designer」フォルダーのsetup.exeも同様に実行し、「Adam-WebOLAP plus Report Designer」をインストールします。

　「Adam-WebOLAP plus Report無償版」の詳しいダウンロード方法やインストール、アンインストールの方法、動作環境等(OS)については、ゼッタテクノロジー社のホームページ、ヘルプファイル等を参照してください。

基本的な使用方法

　「Adam-WebOLAP plus Report」では、「レポート」と呼ばれるOLAP分析画面を作成し、それをWebブラウザ上でExcelのピボットテーブルのように操作して使用することができます。「レポート」の作成は、次のような2つの方法があります。

・「Designer」を使用して、GUI画面からレポートを作成する方法
・スクリプトと呼ばれるスクリプト言語を記述して作成する方法

4-4 Adam-WebOLAP plus Report　　171

それぞれの詳細な操作方法等の説明については、「Adam-WebOLAP plus Report」のマニュアルを参照してください。

以降、前章で行ったお菓子のID-POSデータを使用したクロス集計と同様のものを、「Adam-WebOLAP Plus Report」の「Designer」を使用して作成する方法を説明します。また、次節では、スクリプトを使用したバスケット分析について説明します。

クロス集計の実施

分析データの配置

「Adam-WebOLAP plus Report」では、分析に使用するデータは特定のフォルダーに置いておく必要があります。ファイル形式はCSV形式が指定されています。そのため、Excelの場合、データのあるシートを一度CSV形式でファイルに保存する必要があります。

そのデータファイルを、次のフォルダーに移動、あるいはコピーします。

指定フォルダー：C:￥Adam-WebOLAP plus Report￥Data￥DataSource

なお、このフォルダーはインストール時に自動的に生成されます。

「Designer」の起動

[スタートメニュー]＞[Adam-WebOLAP plus Report]＞[Designer利用サイト]をクリックすると、「Adam-WebOLAP plus Report Designer Sample」の画面が表示されます。

画面左側の領域([プロジェクト]、[項目]が上部に表示されている領域)に[Designerサンプルプロジェクト]、[サンプルプロジェクト]が表示されています。この領域が[一覧表示領域]と呼ばれ、ここに作成したレポートが表示されます。表示されているレポートをクリックすると右側の[レポート表示領域]にレポートが表示されます。

172　　**4　アソシエーション分析**

プロジェクトの作成

新しいレポートを作成するには、まずレポートを格納する「プロジェクト」を作成します。

> ① [一覧表示領域]の何も表示されていない部分を右クリックすると、[プロジェクトの新規作成…]が表示されますのでクリックします。

4-4 Adam-WebOLAP plus Report 173

② [プロジェクトの新規作成]ダイアログボックスが表示されますので、[プロジェクト]タブの[プロジェクト名]テキストボックスにプロジェクト名を入力します。今回は、「基本操作用プロジェクト」という名称で入力します。入力後＜次へ＞ボタンをクリックします。

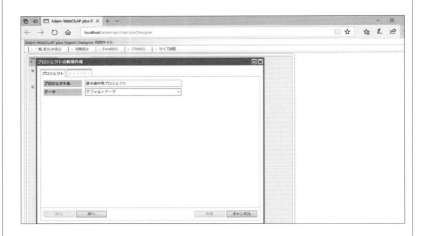

③ [セキュリティ]タブが表示されるので、下部にある＜作成＞ボタンをクリックすると、画面が更新され[一覧表示領域]に[基本操作用プロジェクト]が追加されます。

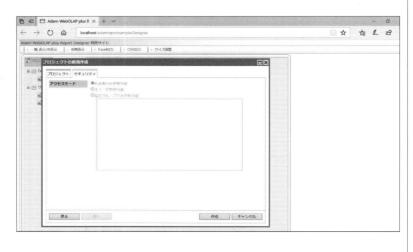

データの定義

次に、レポートを作成しますが、その前に使用するデータが何でどのような内容なのかを定義します。

① 最初に、作成された[基本操作用プロジェクト]上で右クリックすると表示されるプルダウンメニューの[レポートの新規作成]をクリックします。
② 表示された[レポートの新規作成 基本操作用プロジェクト-新しいレポート]ダイアログボックスの[レポート名]テキストボックスにレポート名を入力します。今回は「ID-POSデータレポート」と入力し、＜次へ＞ボタンをクリックします。

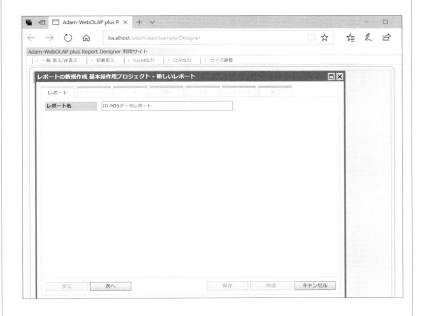

③ [セキュリティ]タブが表示されますので、＜次へ＞ボタンをクリックします。

④ [データ]タブが表示されますので、[データソース形式]ドロップダウンリストボックスの＜∨＞ボタンをクリックします。メニューから[テキスト(区切り文字)]をクリックします。

⑤ 使用するデータを定義する画面が表示されます。

4 アソシエーション分析

⑥ [データソース名]テキストボックスの＜参照＞ボタンをクリックすると、[データソース選択]画面が表示されますので、今回の分析に使用するデータ(CSV形式で保存したID-POSデータのファイル)をクリックします。下部の[データソース名]に選択したファイル名が表示されているのを確認したら、＜OK＞ボタンをクリックします。
⑦ 元のデータを定義する画面に戻るので、[データソース名]テキストボックスに選択したファイル名が表示されていることを確認し、＜次へ＞ボタンをクリックします。
⑧ [項目]タブが表示されますので、[項目定義]グループの＜自動項目定義＞ボタンをクリックします。

⑨ [項目名]・[型]・[位置]の名称がCSVファイルの内容を元に設定されます。

4-4 Adam-WebOLAP plus Report 177

⑩ 内容を確認し、<次へ>ボタンをクリックすると、[集計]タブが表示されます。

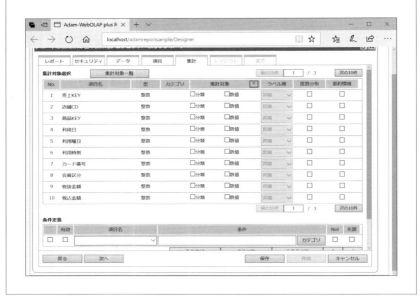

集計対象項目の選定

① [集計]タブでは、[項目]タブで定義した項目の中で、分析に使用する集計対象項目を選択します。

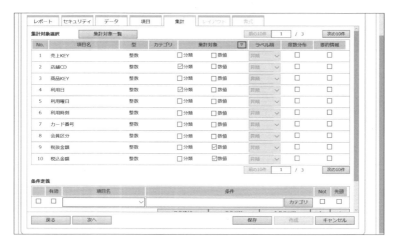

4 アソシエーション分析

② 集計対象項目には[分類]項目と[数値]項目があり、Excelの「ピボットテーブルのフィールド」に置き換えると、次のようになります。

[分類]項目：「フィルター」、「列」、「行」に配置する項目
[数値]項目：「Σ値」に配置する項目

今回は、[分類]項目と[数値]項目を次のように選択し、＜次へ＞ボタンをクリックします。

[分類]項目：「店舗CD」、「利用日」、「12月年齢」、
　　　　　　「商品名」、「部門4」
[数値]項目：「税抜金額」、「税込金額」、「単価」、「利益」

③ [レイアウト]タブが表示されますので、＜次へ＞ボタンをクリックします。
④ [書式]タブが表示されますので、最後に＜作成＞ボタンをクリックします。

以上で、「ID-POSデータレポート」の定義が終了し、[集計]タブで選択した項目の集計（キューブ作成）が実行され、レポートが作成されます。

レポートの作成

① [集計]タブの＜作成＞ボタンをクリックすると、[作成]ダイアログボックスが表示されますので＜はい＞をクリックします。
レポート作成中は、[実行中]ダイアログボックスが表示されます。
② レポートの作成が終わると[実行完了]ダイアログボックスが表示されますので、＜OK＞ボタンをクリックします。
最初の「Adam-WebOLAP plus Report Designer Sample」画面が表示され、「基本操作用プロジェクト」の下に「ID-POSデータレポート」が作成されます。

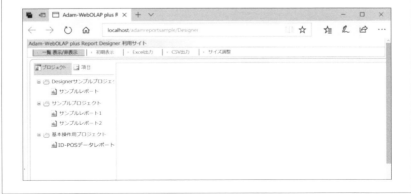

クロス表の作成

作成された「ID-POSデータレポート」をクリックすると、レポート作成の操作画面が表示されますので、「項目」を「表頭」や「表側」などにドロップしてレポートを作成します。

店舗ごとの商品(部門名4)の売上高についてレポートを作成するには、次のような操作を行います。

① 「表頭」として[店舗CD]を指定します。
　[店舗CD]を[数値項目をドロップしてください]（背景が黄色の部分）のブロックにドラッグすると「→」が表示されますのでドロップします。表頭に[店舗CD]が表示されます。
② [部門名4]を[項目をドロップしてください]（左下の「表側」部分）のブロックにドラッグすると「↓」が表示されますのでドロップします。「表側」に[部門名4]が表示されます。
③ [税抜金額]を[数値項目をドロップしてください。]（背景がグレーの部分）と書かれた領域にドラッグすると「↓」が表示されますのでドロップすると、レポートが完成します。

4-4　Adam-WebOLAP plus Report　181

カテゴリー化(1)

　分類項目にある「利用日」や「12月年齢」をそのまま使用すると、非常に大きな表になり、分析しにくくなります。そのため「利用日」は、「月ごと」あるいは「季節ごと」にまとめるなどのカテゴリー化が必要です。

　すでに「ID-POSデータレポート」が作成されていますので、このレポートを変更して、新たに「利用年月」というカテゴリー化した項目を付け加えます。

　クロス表の作成で作成したクロス表からこの作業を行ってみます。

① [一覧表示領域]の[プロジェクト]をクリックし、[ID-POSデータレポート]を表示します。
② [ID-POSデータレポート]を右クリックすると表示されるメニューから、[変更]をクリックします。
③ [レポートの変更　基本操作用プロジェクト-ID-POSデータレポート]ダイアログボックスが表示されますので、[項目]タブをクリックします。
④ カテゴリー化する項目(今回は[利用日])にチェックを入れ、下部にある＜項目コピー＞ボタンをクリックします。この操作は、新しい項目(利用年月)を作成するため、必要な操作です。

4　アソシエーション分析

⑤ 新しくNo5の位置に[利用日-コピー]項目が作成されますので、[利用日-コピー]項目名を[利用年月]に変更し、[カテゴリ]列の＜編集[O]＞ボタンをクリックします。
⑥ [カテゴリ定義]ダイアログボックスが表示されますので、カテゴリー化する項目名やその項目に対応するデータの範囲を定義します。
⑦ 今回は、[ラベル名]に「2013年7月」を入力します。
⑧ [データ値]は＜v＞ボタンをクリックすると表示されるメニューから[範囲]をクリックします。
[データ値]に□~□が表示されますので、2013年7月の範囲を入力します。

最初の□には「20130701」と入力します。
次の□には「20130731」と入力します。

⑨ 入力終了後、下部にある＜カテゴリ追加＞ボタンをクリックします。
⑩ 2番目のカテゴリー項目の入力が可能になりますので、2013年8月分の項目を同じ方法で入力し、最後に＜カテゴリ追加＞ボタンをクリックします。
⑪ 同じ操作を2013年12月まで行い、最後に＜次へ＞ボタンをクリックします。

4-4 Adam-WebOLAP plus Report

⑫ [集計]タブに変わりますので、追加された[利用年月]の項目の[分類]にチェックを入れ、＜作成＞ボタンをクリックし、新しいレポートを作成します。

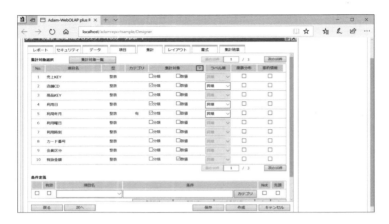

⑬ 新しいレポート作成画面が表示されますので、カテゴリー化された項目(利用年月)が表示されていることを確認します。

カテゴリー化（2）

　[カテゴリ定義]ダイアログボックスでは、すでに用意されているマスタファイルなどから作成したCSVファイルを取り込んで、カテゴリーの定義に使用することができます。また、新たに項目を作らず、既存項目の中に直接カテゴリーを作ることもできます。この場合は、各分類ごとの詳細項目（年齢の場合、年齢階級に対する各年齢）は表示できなくなります。

　次のような「年齢階級.csv」を用意し、「12月年齢」の中にカテゴリーを作成します。

① 「ID-POSデータレポート」の変更なので、「カテゴリー化(1)」の場合と同じく、[一覧表示領域]から[ID-POSデータレポート]を表示し、[レポートの変更]ダイアログボックスを表示します。
② [レポートの変更]ダイアログボックスが表示されたら、[項目]タブをクリックし、[項目定義]の[12月年齢]を表示します。
③ [カテゴリ]列の＜編集[O]＞ボタンをクリックします。

④ [カテゴリ定義]ダイアログボックスが表示されますので、「カテゴリ定義取込…」ボタンをクリックします。

⑤ [カテゴリ定義読込(1/2)]ダイアログボックスが表示されますので、[CSVファイル名]グループの[ローカル]テキストボックスの＜参照＞ボタンをクリックし、「年齢階級.csv」を指定します。
⑥ ファイルの内容が[オプション]テキストボックスに表示されますので、内容を確認し、＜次へ＞ボタンをクリックします。
⑦ [カテゴリ定義読込(2/2)]ダイアログボックスが表示されますので、各項目が次のようになっていることを確認し、＜OK＞ボタンをクリックします。

[カテゴリラベル列]：列1
[開始列]：列2
[終了列]：列3

⑧ [レポートの変更]ダイアログボックスに戻りますので、[12月年齢]の[カテゴリ]列の＜編集[O]＞のボタンをクリックします。

186　**4**　アソシエーション分析

⑨ [カテゴリ定義]ダイアログボックスで定義した「年齢階級.csv」の内容が反映されていることを確認し、＜次へ＞ボタンをクリックします。

⑩ [集計]タブに表示が変わりますので、[12月年齢]の[カテゴリ]列で[有]が表示され、[分類]にチェックが入っていることを確認し、下部の＜作成＞ボタンをクリックし、変更した新しいレポートを作成します。
⑪ 新しいレポートが作成されたら、次のように各項目をドラッグ＆ドロップし、集計表を作成します。
　　[12月年齢]　　：　　　　[表頭]（[数値項目をドロップしてください。]）
　　　　　　　　　　　　　　※背景が黄色の部分
　　[部門名4]　　 ：　　　　[表側]（[項目をドロップしてください。]）
　　「税抜金額」　 ：　　　　[数値]（[数値項目をドロップしてください。]）
　　　　　　　　　　　　　　※背景がグレーの部分

4-4 Adam-WebOLAP plus Report　　187

以上が、「Adam-WebOLAP plus Report」の「Designer」を使用した、GUI画面からクロス集計などのレポートを作成する方法です。Excelのピボットテーブルと同じような感覚で使用できます。ピボットテーブルと違う点は、次に行うバスケット分析（アソシエーション分析）などの複雑な分析なども、簡単なスクリプトを使用することで容易にできることがあげられます。

4-5

Adam-WebOLAP plus Reportを使ったバスケット分析

4-5-1 分析方法

　「Adam-WebOLAP plus Report無償版」を使用して自分のパソコンの環境でバスケット分析するには、スクリプトと呼ばれるスクリプト言語を記述して実行する必要があります。ここで使用しているスクリプト言語は、難しいものではありませんが、理解するまでには多少時間がかかるかもしれません。

　しかし、一度理解すると、データのクレンジングや加工、条件ごとの処理や計算方法を変えるなど、より柔軟な分析を簡単に行える利点があります。

　開発元のゼッタテクノロジー株式会社では、スクリプト言語の理解を深める一助として、スクリプトのテンプレートを公開しており、自分用にカスタマイズすることができます。今回のバスケット分析に関しても、スクリプトのテンプレートが用意されており、これを利用して分析を行います。

　分析結果として得られるレポートとしては、「併売クロス表レポート」と「アソシエーション分析レポート」です。これらのレポートについては、次節の分析結果で説明するので、ここでは説明を省略します。

　分析は、次の手順で行います。

4-5 Adam-WebOLAP plus Reportを使ったバスケット分析　189

前準備(デモサイトへのアクセス)

　スクリプトのテンプレートをダウンロードするためには、「Adam-WebOLAP plus Report」のデモサイトへアクセスする必要があります。しかし、このデモサイトには、すぐにアクセスできるわけではなく、簡単な登録を行ってから使用することになります。次にこの登録とデモサイトへのアクセス方法について説明します。

① ゼッタテクノロジー株式会社のホームページ(http://www.zetta.co.jp/)にアクセスし、「製品」→「Adam-WebOLAP plus Report」をクリックすると、「Adam-WebOLAP plus Report」のページが表示されます。
② そのページに「Adam-WebOLAP plus Reportのデモサイトで、まずは体験！＜クリック！＞」というボタンがあるのでクリックします。
③ 「デモサイトのURLをご案内するメールアドレスをお知らせください」というメッセージが表示され、「メールアドレス」と「名前」を記入する欄が表示されますので、それぞれ入力し、ゼッタテクノロジー株式会社の「プライバシーポリシー」を確認後、＜この内容で送信する＞ボタンをクリックします。
④ ゼッタテクノロジー株式会社から、「Adam-WebOLAP plus Report」のデモサイトのURLとそのサイトを使用するためのユーザ名とパスワードが記載されたメールが送られてくるので、デモサイトのURLをクリックします。
⑤ ユーザ名とパスワードを要求する画面が表示されますので、メールに記載されたユーザ名・パスワードを入力します。

すると、次図のようにデモサイトが表示されます。

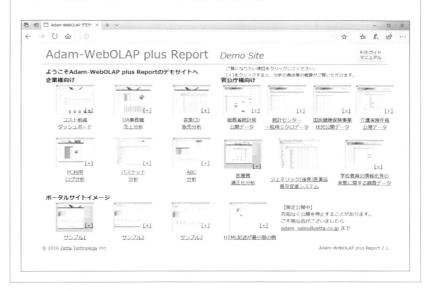

スクリプトのダウンロード

① 「Adam-WebOLAP plus Report」のデモサイトの一覧で、[+]をクリックすると、各レポートの詳細情報が表示されます。バスケット分析で、[+]をクリックすると、次のような画面が表示されるので、下部にある<<スクリプトダウンロード>>からスクリプトのテンプレートをダウンロードします。

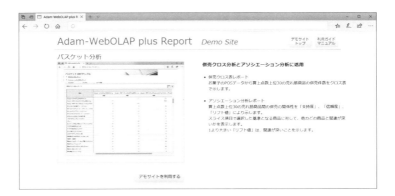

4-5 Adam-WebOLAP plus Reportを使ったバスケット分析　　191

② 「<<スクリプトダウンロード>>」を右クリックすると表示されるメニューから「対象をファイルに保存…」を選択し、保存先の場所と保存するファイル名を指定して保存します。

スクリプトの実行

　スクリプトの実行は、バッチファイルを作成し、そのファイルをダブルクリックすることにより実行されます。「Adam-WebOLAP plus Report無償版」には、スクリプトを実行するためのサンプルのバッチファイルがインストールされています。これをコピーし、テキストエディタで開き、スクリプトファイルのパスを書き換えて使用するのが簡単です。操作法は、次の通りです。なお、スクリプトのテンプレートでは、ルートディレクトリ「C」の元にフォルダ「バスケット分析」を作成し、その配下にファイル名「スクリプト」として保存しました。そのため、パス名は、「C:￥バスケット分析￥スクリプト.txt」となります。

① エクスプローラを開き、「C:￥Adam-WebOLAP plus Report￥Sample￥Script￥サンプルスクリプト実行.bat」を任意の場所にコピーします。今回は、デスクトップにコピーします。
② コピーしたファイルの拡張子を「.bat」から「.txt」に変更します。[名前の変更]ダイアログボックスが表示されますので、＜はい＞をクリックします。
③ 「メモ帳」には次のような内容が表示されます。塗りつぶした箇所の部分をスクリプトのテンプレートが保存されているファイル（「スクリプト.txt」）のパス名（C:￥バスケット分析￥スクリプト.txt）に変更します。

```
@echo %DATE% %TIME%
"C:￥Adam-WebOLAP plus Report￥Binary￥Tools￥AdamCmd￥AdamCmd.exe" http://localhost/adam/contents/contents.aspx?cmd=exec "/SCRIPT:C:￥Adam-WebOLAP plus Report￥Sample￥Script￥サンプルスクリプト.txt"
@echo %DATE% %TIME%
pause
```

なお、誌面上は複数行になっていますが、実際には2行目の「"C:￥Adam-WebOLAP plus Report」から4～5行目の「サンプルスクリプト.txt」までは1行になっています。

④ 修正が終了したら、「ファイル」→「上書き保存」で保存し、「メモ帳」を閉じます。
⑤ デスクトップに表示されているアイコンのファイルの拡張子を「.txt」から「.bat」に変更します。
⑥ 変更後、アイコンをダブルクリックすると、次のような画面が表示され、スクリプトが実行されます。スクリプトが実行できない場合は、画面にスクリプトが実行できないことを知らせるメッセージが表示されます。

⑦ スクリプトが実行されレポートが作成されると、次のような画面に変わります。

⑧ 任意のキーを押すことにより、終了します。
⑨ レポートは、「Designer」を起動すると「一覧表示領域」に表示されます。「プロジェクト」の元に新しく「ID-POSデータ_バスケット分析」プロジェクトが表示され、その下に「アソシエーション分析レポート」と「併売クロス表レポート」として表示されます。

スクリプトの変更

　今回使用したスクリプトのテンプレートは、今まで使用したお菓子の
ID-POSデータと同じデータ形式ならば分析可能です。しかし、同じこ
とはほぼないので、他のID-POSデータの分析はできないことになりま
す。また、分析する売れ筋商品数も30商品に固定されているので、実
際の分析を行う状況と合わない可能性があります。

　この問題を解決するためには、ダウンロードしたスクリプトのテンプ
レートを変更する必要があります。

　ゼッタテクノロジー株式会社の公開しているスクリプトのテンプレー
トは、非常に分かりやすく作られており、変更も容易に行えます。次に、
ダウンロードしたスクリプトのテンプレートのリストとその変更箇所に
ついて示します。

```
//=================================================
// WebOLAPスクリプトサンプル
//-------------------------------------------------
// バスケット分析サンプル
//          レポート1: 併売クロス分析
//          レポート2: アソシエーション分析
//=================================================

// ■データパスなどの設定
STRING STR_TITLE = "POSデータ_バスケット分析"
STRING STR_datapath = "POSデータ.csv" //【変更①】データの場所を指定
します

//-------------------------------------------------
// ■プロジェクト作成
prj = Project.new(STR_TITLE)


//=================================================
// ■レポート1: 併売クロス分析
//=================================================
```

194　**4　アソシエーション分析**

```
//-------------------------------------------------
// ■データマート作成
org_dm = Datamart.new(
        :type => :CSV1,              // 【変更②】CSVデータの形式を指定しま
す
        :path => STR_datapath,
        :auto => false
)


//-------------------------------------------------
// ■項目定義
org_dm.item("売上KEY", :STR, 1)  // 【変更③】売上キーのCSVの位置1を指定
します
org_dm.item("点数", :INT, 11)    // 【変更④】点数のCSVの位置11を指定し
ます
org_dm.item("商品", :STR, 20)    // 【変更⑤】商品名のCSVの位置20を指定
します


//-------------------------------------------------
// ■データ加工
// ・点数上位30の商品のみを抽出
order_dm = org_dm.select( :item => 商品;点数 ).groupby( :item => 商品
).orderby( 点数, :DESC )
filter_dm = DataMart.new( :name => "filter_dm", :type => :MART, :source
=> order_dm )

filter_dm.limit(30)              // 【変更⑥】絞り込む商品の数30を指定し
ます

// ・点数上位30のカテゴリ定義用dm作成
filter_dm.item("カテゴリラベル", :STR, 1)
filter_dm.item("値", :STR, 1)
cate_dm = filter_dm.select( :item => filter_dm.items("カテゴリラベル";"値"),
:name => "cate_dm" )
cate_dm.orderby( :key => カテゴリラベル, :ASC )

// ・上位30の商品のみのデータに絞込み
org_dm.items("商品").category(cate_dm)
```

```
// ・併売された商品の組み合わせで1レコードになるように加工
//    org_dmとright_dmをleftjoinして、cross_dmを作成
right_dm = Datamart.new(
        :type => :MART,
        :source => org_dm
)

cross_dm = org_dm.leftjoin(
        :target => right_dm,
        :item => org_dm.items("売 上KEY";"商 品"); right_dm.items("商 品
").as("併売商品")
)
{ |left, right|
        left["売上KEY"] == right["売上KEY"]
}


//-------------------------------------------------
// ■キューブ作成
cross_cb = cross_dm.cube(
        :cate => cross_dm.items("商品";"併売商品"),
        :num => cross_dm.count("件数")
)
{ |rec|
        rec["商品"] != rec["併売商品"]
}

//-------------------------------------------------
// ■レポート作成
cross_rep = prj.report("併売クロス表レポート")
cross_rep.operation.dicing(false)
cross_rep.visible.itemtab(false)

// ・グリッド作成
cross_gd = cross_rep.grid(
        :side => cross_dm.items("商品"),
        :head => cross_dm.items("併売商品";"件数")
)
cross_gd.title("併売クロス表レポート")
```

```
cross_gd.visible.total.all(false) // カテゴリの全体は非表示
cross_gd.visible.slice(false)     // スライス領域は非表示
cross_gd.POS.title(:LEFT)         // タイトルは左寄せ


//==============================================
// ■レポート2：アソシエーション分析
//==============================================


//-----------------------------------------------
// ■データ加工
// ・点数上位30の商品のみのデータに絞込み
org_dm2 = org_dm.innerjoin(
        :name => "org_dm2",
        :target => filter_dm,
        :item => org_dm.items("売上KEY";"商品")
)
{ |org_dm, filter_dm|
        org_dm["商品"] == filter_dm["商品"]
}


//-----------------------------------------------
// ■全体の件数(点数上位30を含むレシート(バスケット)全体)を取得
receipt_cb = org_dm2.cube(
        :cate => org_dm2.items("売上KEY"),
        :num => org_dm2.count("レシート件数", false)
)
total_count = receipt_cb.table(:direction => :row, :visible => true)[1,1]


//-----------------------------------------------
// ■商品毎の件数を集計
org_dm2.count("件数")
genre_dm = org_dm2.groupby(
        :item => org_dm2.items("商品")
)

// ・併売組み合わせ毎の件数(併売件数)のデータマート作成
cross2_dm = Datamart.new(
        :type => :CUBE,
```

4-5 Adam-WebOLAP plus Reportを使ったバスケット分析　197

```
        :source => cross_cb
)

// ・併売商品毎の件数を結合
basket_dm = cross2_dm.leftjoin(
        :target => genre_dm,
        :item => cross2_dm.items("商品").as("基準商品");
                        cross2_dm.items("併売商品");
                        cross2_dm.items("件数").as("併売件数");
                        genre_dm.items("件数").as("併売商品件数")
)
{ |left, right|
        left["併売商品"] == right["商品"]
}

// ・基準商品毎の件数を結合
basket2_dm = basket_dm.leftjoin(
        :target => genre_dm,
        :item => basket_dm.items("基準商品";"併売商品";"併売件数";"併売
商品件数");
                        genre_dm.items("件数").as("基準商品件数")
)
{ |left, right|
        left["基準商品"] == right["商品"]
}

// ・全体の件数を結合
basket2_dm.item("_全体件数").max("全体件数")
basket2_dm.item("支持度", :DBL)
basket2_dm.item("信頼度", :DBL)
basket2_dm.item("リフト値", :DBL)
basket2_dm.relate(:item => basket2_dm.items("基準商品";"併売商品"))

//-------------------------------------------------
// ■キューブ作成
basket_cb = basket2_dm.cube(
        :cate => basket2_dm.items("基準商品";"併売商品"),
        :num => basket2_dm.items("_全体件数";"全体件数";"併売件数";"併
売商品件数";"基準商品件数";"支持度";"信頼度";"リフト値")
```

```
)
{ |rec|
        rec["_全体件数"] = total_count
}

// ・「支持度」、「信頼度」、「リフト値」を計算
basket_cb.olap_event()
{ |rec|
        rec["支持度"] = rec["併売件数"] / rec["全体件数"]
        rec["信頼度"] = rec["併売件数"] / rec["基準商品件数"]
        rec["リフト値"] = rec["信頼度"] / (rec["併売商品件数"] / rec["全体件
数"])
}

// ・ドリルスルーの対象を元データに設定
basket_cb.drillthrough_to(org_dm2)

//-----------------------------------------------
// ■レポート作成

// ・「支持度」、「信頼度」、「リフト値」を並べて、アソシエーション分析のレポート
作成
basket_rep = prj.report("アソシエーション分析レポート")
basket_rep.operation.dicing(false)
basket_rep.visible.itemtab(false)

// ・グリッド作成
basket_gd = basket_rep.grid(
        :slice => basket2_dm.items("基準商品")[1], // スライスの一つ目を選
択
        :side => basket2_dm.items("併売商品"),
        :head => basket2_dm.items("全体件数";"基準商品件数";"併売商品
件数";"併売件数";"支持度";"信頼度";"リフト値")
)
basket_gd.title("アソシエーション分析レポート")
basket_gd.visible.total.all(false)     // カテゴリの全体は非表示
basket_gd.POS.title(:LEFT)                              // タイトルは左寄せ

basket_rep.item_form.digits(basket2_dm.items("支持度";"信頼度";"リフト
```

4-5 Adam-WebOLAP plus Reportを使ったバスケット分析　199

値"), 4)

　以上、スクリプトの中にある塗りつぶした箇所(6箇所)のみを必要に応じて変更することにより、いろいろなID-POSデータを分析することが可能になります。なお、変更する場合は、次の点に留意する必要があります。

変更1：データの場所

「C:￥Adam-WebOLAP plus Report￥Data￥DataSource」に配置した自分用のID-POSデータのファイル名を指定します。

例)　"test.csv"

変更2：CSVデータの形式

　自分用のID-POSデータのファイルのcsvの形式を指定します。
: CSV1　　　引用符「"」なし、ヘッダー行なしのcsv形式
: CSV1S　　引用符「"」なし、ヘッダー行ありのcsv形式
: CSV2　　　引用符「"」あり、ヘッダー行なしのcsv形式
: CSV2S　　引用符「"」あり、ヘッダー行ありのcsv形式

例)　: CSV2S

変更3：売上KEYのCSVの位置(売上KEYは何番目の項目なのかを表わす)

　自分用のID-POSデータのcsv1行における売上KEYの値の位置を指定します。レジ番号、レシート番号などが売上KEYと同等の意味を持つことがあります。

例)　1

変更4：点数のCSVの位置（点数は何番目の項目なのかを表わす）

自分用のID-POSデータのcsv1行における点数の値の位置を指定します。
数量、個数などが点数と同等の意味を持つことがあります。

例) 2

変更5：商品名のCSVの位置（商品名は何番目の項目なのかを表わす）

自分用のID-POSデータのcsv1行における商品名の値の位置を指定します。

商品単位ではなく、ジャンルや分類単位で併売を見る場合は、その項目の位置を指定します。

例) 3

変更6：絞り込む商品の数

自分用のID-POSデータの併売を見る商品数を指定します。
トップ10であれば、10を指定します。

例) 10

4-5-2　分析結果

4-5-1で今まで使用してきたID-POSデータ（83万件のお菓子のデータ）を「Adam-WebOLAP plus Report」で分析し、買上点数上位30商品間の併売クロス表とアソシエーション分析のレポートが作成できました。

それぞれのレポートがどのような内容になったかを確認します。レポートは、「Designer」を起動し、[一覧表示領域]の[プロジェクト]の元に新しくできた「ID-POSデータ_バスケット分析」プロジェクトの下に「アソシエーション分析レポート」と「併売クロス表レポート」として表示されます。

4-5 Adam-WebOLAP plus Reportを使ったバスケット分析　　201

併売クロス表レポート

　このレポートは、**4-2-4 Excelでの実データ（お菓子のID-POSデータ）分析**で作成したクロス表と同じ表を「Adam-WebOLAP plus Report」で作成したものです。

　縦の表側項目として基準となる30商品、横の表頭項目には併売された側の30商品が並び、数値項目としてその商品の組み合わせで併売された件数が集計されています。

　買上点数上位30の売れ筋商品のみに絞った表ではありますが、その上位の商品間でもよく併売されるものとされないものがあることなどが具体的に数値化されて確認することができます（「カルビーじゃがりこサラダ６０ｇ」と他の商品の併売は多くないが、アイス系の商品は他のアイス系の商品との併売が多い傾向にあります）。

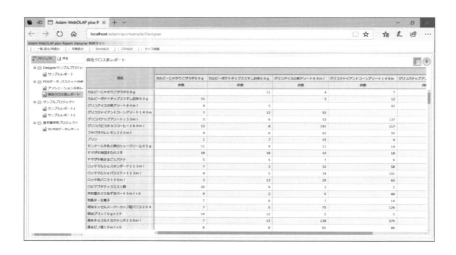

4　アソシエーション分析

アソシエーション分析レポート

　このレポートは、買上点数上位30の売れ筋商品間の関連を「支持度」、「信頼度」、「リフト値」により示しています。スライス項目で選択した基準となる商品に対して、他のどの商品と関連が深いかを表示したものです。

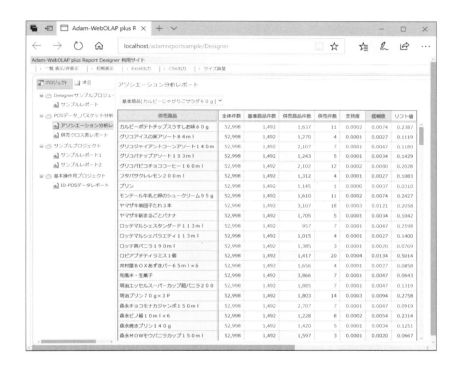

全体件数	買上点数上位30商品が1つでも含まれる販売(バスケット、レシート)の数
基準商品数	基準商品の販売数
併売商品数	併売商品の販売数
併売件数	基準商品と併売商品を同時に販売した数
支持度	全体(全データ)の中で基準商品と併売商品が同時に買われる確率
信頼度	基準商品が買われた中で、併売商品が買われた確率
リフト値	基準商品と一緒に併売商品も購入した人の割合は、全てのデータの中で併売商品を購入した人の割合よりどれだけ大きいかを倍率で示したもので、リフト値が1以上の場合は関連性があるとみられる

4-5　Adam-WebOLAP plus Reportを使ったバスケット分析

スライス項目の基準商品を切り替えると、併売商品との「リフト値」などの値も更新されます。
「リフト値」の値で並び替えることもできます(項目名の[リフト値]を右クリックすると表示されるメニューから[降順で並べ替え]をクリックします)。

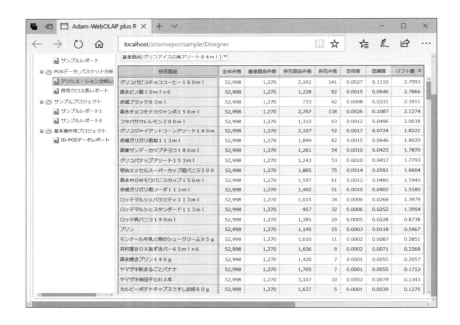

一例として基準商品として、「グリコアイスの実アソート84ml」を選択し、「リフト値」を降順で並び替えてみると、「リフト値」の上位に来る併売されやすい商品は、同じアイスのジャンルの製品が占めていることが確認できます。この結果は、ある程度推測できる結果ではありますが、商品間の併売の関係性を具体的に数値化した結果として確認することができます。

　このように、バスケット分析のような複雑な分析も、Adam-WebOLAP plus Reportを利用すると簡単に分析が行え、有益な情報を得ることができます。

あとがき

　本書を通じて、ビッグデータの歴史から始まり、データサイエンスの必要性や、問題解決においてPPDACサイクルが重要であることを理解していただけたと思います。特に問題解決が重要で、問題の洗い出しと問題に対する課題、および指標の設定が必要です。そして課題を解決し、指標を伸ばすような施策を考え、その施策が実施可能かどうかの仮説を立て、その仮説が正しいかどうかを分析します。分析手法としては単純集計・クロス集計を用いましたが、多くの場合、これらの集計で課題解決方法が推測できます。

　この過程を簡略化すると、企業にとって必要な施策（目的）を考え、その施策（目的）を実現するための分析を行うことになります。ビッグデータの分析を普及させるためには、多くの人が、目的を設定し、簡単な方法で分析を繰り返すことが必要となります。

　しかし、簡単な方法で出来ない場合もあります。バスケット分析などは、その一例です。このような場合でも、難しい分析を簡単にできるツールが存在することもあります。4章で紹介したゼッタテクノロジー株式会社の「Adam-WebOLAP plus Report」などは、そうしたツールの一つです。もしツールが見つからない場合は、プログラミングする必要があります。このような場合においても、簡単にプログラミングできるものを使用すると効率的です。ゼッタテクノロジー株式会社が開発したスクリプト言語などは、その一例です。

　今回、この本を読まれた方は、ビッグデータ分析は難しいことではなく、Excelを使用して簡単にできることを実践してほしいと思います。さらに、複雑な分析を行う場合も、ツールを探したり、スクリプト等の言語を理解して分析を行ってほしいと思います。

今後、ビッグデータ分析が広く普及することを切望します。

INDEX

A

Adam-WebOLAP plus Report 167
Analysis 026, 030
Aprioriアルゴリズム 151

B

BI 005

C

CO_2削減 013
Conclusion 031
confidence 150
COUNTBLANK関数 040
COUNT関数 088
COUNTIF関数 037

D

Data 026, 029
DBMS 004

E

e-Stat 134
Excelオーバーレイ 169
Excelでの分析 152
Excelの関数 052
Excelの限界 166
Excelのフィルター機能 085
expected confidence 149

I

ID-POSデータ 029, 030, 084
ID-POSデータの抽出 158

ID-POSデータレポート 180

L

lift 150

M

Microsoft Excel 033

P

Plan 026, 028
POSデータ 002
PPDACサイクル 026
PremiumClub 016
Problem 026, 027

S

SAFETY MAP 015
support 148

V

variety 007
velocity 007
VICSサービス 009
volume 007

あ

アソシエーション分析 148, 152
アソシエーション分析レポート 203
アソシエーションルール 148

い

インターナビ 009, 011
インターナビ交通情報 010

索引　　209

う

売れ筋商品の選定 091

か

カーナビ 009

確定データによる分析 091

加工データの作成 089

カテゴライズ 046

カテゴリー化 050

関連性を分析する手法 148

き

期待信頼度 149

魚群探知機機能 020

く

クレンジング 032, 045

クロス集計 057, 128

クロス集計による分析 081

クロス集計のポイント 082

け

計画 028

結論 031

こ

交通情報作成の概念 011

国勢調査 003, 004

コンピュータとビッグデータ 004

さ

災害時の通行実績マップ 016

再カテゴリー化 106

し

支持度 148

渋滞予測の仕組み 012

商品のカテゴリー化 103

商品別売上高 050

信頼度 150

す

スクリプト言語 189

スクリプトの実行 192

スクリプトの変更 194

せ

セーフティマップ 015

ゼッタテクノロジー株式会社 189

そ

総理府統計局 004

た

ダグ・レイニー 007

多重クロス集計 128

単純集計 046

単純集計のポイント 056

担当者別売上高 046

ち

地図ナビ 019

つ

通行実績マップ 016

月別売上高 049

て

データエンジニアリング力. 023

データクレンジング. 085

データサイエンス力. 023, 024

データサイエンティスト 023, 024

データチェック 032, 045

データの収集. 029

データの分析 046

データベース 004

データベース構築機能 020

伝票番号. 036

と

得意先別売上高 047

は

バスケット分析 152, 189

パンチカードシステム 003

ひ

ビッグデータ活用の背景 021

ビッグデータの今後. 007

ビッグデータの流れ. 002

ビッグデータの分析. 083

ピボットグラフ 111

ピボットテーブル. 033, 035

ピボットテーブルによるデータ変換. 153

ピボットテーブルの操作方法. 034

ふ

フィルター機能 077
フローティングカーシステム 009, 010
フローティングカーデータ 010
プログラミング 004
分析 030
分析ツール 007

へ

併売クロス表レポート 202

ほ

ポケットタクシー 019
ポケットタクシー　地図ナビ 017
ホレリス 004
ホンダ 009

ま

マーケットバスケット分析 148

も

問題 027
問題解決方法 026

り

リアルタイム交通情報 012
リフト値 150
リンクアップフリー 012

索引　　213

著者プロフィール

氏名：	針原森夫（はりはら　もりお）
生年月日：	1953年生まれ
学歴：	北海道大学工学部　大学院卒（情報工学）

職歴：	1978年	日本電気株式会社（NEC）入社。 中央官庁を中心とした官庁マーケットに対し、大型ネットワーク・コンピュータシステムや業務アプリケーションの受託開発事業を展開（特許庁ペーパーレスシステム、国立病院ネットワークシステム、東大衛星地震ネットワークシステム、海洋開発機構地球シミュレータなど）。
	1999年〜2007年	保健医療福祉情報システム工業会（JAHIS）において福祉システム委員会を委員長として主催。介護保険に関してケアマネージャ・施設間の情報交換規約を工業会としてまとめた。また、介護保険の制度理解のため啓蒙活動を実施。
	2007年〜2012年	ＮＥＣ通信システム（株）へ出向し、組込みシステム事業の展開を実施。
	2007年〜現在	東京医療保険大学で非常勤講師として、「情報リテラシー」および「情報科学」、「情報セキュリティー」の講義を実施。
	2012年〜現在	株式会社HKMコンサルタントを設立し、取締役に就任。企業研修を主体に活動中。

■ STAFF
- ●執筆　　　　　　　針原 森夫
- ●編集・DTP：　　　株式会社三馬力
- ●制作協力：　　　　株式会社アイディーズ、ゼッタテクノロジー株式会社、株式会社リオ
- ●カバーデザイン：　石川 健太郎（株式会社マイナビ出版）

Excelからはじめるビッグデータ分析

2018年 1月31日　初版第1刷発行

著者　　　針原 森夫
発行者　　滝口 直樹
発行所　　株式会社マイナビ出版
〒101-0003　東京都千代田区一ツ橋2-6-3 一ツ橋ビル 2F
　　　　　　TEL：0480-38-6872（注文専用ダイヤル）
　　　　　　TEL：03-3556-2731（販売）
　　　　　　TEL：03-3556-2736（編集）
　　　　　　編集問い合わせ先：pc-books@mynavi.jp
　　　　　　URL：http://book.mynavi.jp
印刷・製本　株式会社ルナテック

Copyright © 2018 Morio Harihara
Printed in Japan
ISBN978-4-8399-6411-5

- ・価格はカバーに記載してあります。
- ・乱丁・落丁についてのお問い合わせは、TEL：0480-38-6872（注文専用ダイヤル）、電子メール：sas@mynavi.jpまでお願いいたします。
- ・本書掲載内容の無断転載を禁じます。
- ・本書は著作権法上の保護を受けています。本書の無断複写・複製（コピー、スキャン、デジタル化等）は、著作権法上の例外を除き、禁じられています。
- ・本書についてご質問等ございましたら、マイナビ出版の下記URLよりお問い合わせください。お電話でのご質問は受け付けておりません。また、本書の内容以外のご質問についてもご対応できません。

https://book.mynavi.jp/inquiry_list/